U0953727

含氧量°

让阅读像呼吸一样自然

# DREAM PSYCHOLOGY

# 梦的心理学

## 重返精神分析

[奥地利] 西格蒙德·弗洛伊德 著 | 吴张彰 译

古吴轩出版社

**图书在版编目（CIP）数据**

梦的心理学：重返精神分析 /（奥）西格蒙德·弗洛伊德著；吴张彰译．— 苏州：古吴轩出版社，2022.1

ISBN 978-7-5546-1810-3

Ⅰ．①梦… Ⅱ．①西… ②吴… Ⅲ．①精神分析—研究 Ⅳ．①B84-065

中国版本图书馆 CIP 数据核字 (2021) 第 190397 号

**责任编辑：**胡敏韬
**策　　划：**蔡雅婷
**装帧设计：**ONE → ONE Design Studio

**书　　名：**梦的心理学：重返精神分析
**著　　者：**［奥地利］西格蒙德·弗洛伊德
**译　　者：**吴张彰
**出版发行：**古吴轩出版社
地址：苏州市八达街 118 号苏州新闻大厦 30F　邮编：215123
电话：0512-65233679　传真：0512-65220750
**出 版 人：**尹剑峰
**印　　刷：**无锡市证券印刷有限公司
**开　　本：**880 × 1240　1/32
**印　　张：**7
**字　　数：**146 千字
**版　　次：**2022年1月第1版　第1次印刷
**书　　号：**ISBN 978-7-5546-1810-3
**定　　价：**56.00元

如有印装质量问题，请与售后联系。0512-87662766

# 目录

CONTENTS

# 第 一 章

# 梦有意义

# 第一节

人们很容易就能在这个所谓的前科学时代找到对梦的解释。当人们在梦醒之后回想起做的梦时，他们会把梦看作是某种或神圣或邪恶的更强大力量或善意或敌意的展现。随着自然科学思维方式的普及，所有这些奇妙的神话都变成了心理学，而今受过良好教育的人中，只有很少一部分人才会质疑这样一个事实，即梦是做梦者本人心灵的产物。

但是，因为对神话假说的拒斥，所以梦需要得到新的解释。梦起源的各种条件；梦与清醒时心理生活的关系；梦对在睡眠状态强行进入感知的刺激的依赖；令清醒思维感到反感的梦中内容的多个特征，两者之间的矛盾（包括它们的观念形象，依附于它们的情感，还有它们的转瞬即逝的特征）；清醒思维将梦当作异类并将其推到一边，然后在记忆中将梦毁坏甚至消灭的方式——所有这些以及各种其他问题，等待被澄清已有上百年。时至今日，这些问题仍未得到满意的回答。但是，我们最感兴趣的问题是梦的意义，这个问题有两种含义。首要的问题是梦的精神意义，梦与其他心理过程的关系，以及梦是否具有某种生物学功能；其次要探究梦是否可以被解释，个体的梦境是否有意义，就像我们习惯于寻找其他精神结构的意义一样。

在评估梦的意义时可以分成三种思路。其中一个思路可以说是呼应了古代人对梦的价值的高估，这体现在某些哲学家的著作中。他们把梦境生活看作是一种心理活动的特殊状态，他们甚至称赞这种状态是一种更高层面的提升。举个例子，舒伯特声称梦就是将心灵从外在的自然力量中解放出来，将灵魂从感官的束缚中解放出来的过程。尽管其他思想家没有这样极端的思想，但是他们也坚持认为，梦本质上来自心理冲动，体现了白天受压抑而无法自由伸展的心理力量（参见谢尔纳和沃尔克尔特所提出的“梦的想象”概念）。很多心理观察家都至少同意把梦境生活看作是一种能力的体现，一种使我们能够在某些方面实现更高级功能的能力的体现。

这与大多数医学作者所持的观点形成了鲜明的对比，他们认为梦几乎无法到达精神现象的级别。根据他们的理论，梦的诱因只是感官和躯体上的刺激，这些刺激要么从外部侵犯睡眠者，要么偶尔在他的内在器官中活跃起来。他们认为，梦并不比“对音乐一无所知的人用十指乱弹钢琴”所发出的声音更有意义和价值。宾茨将梦描述为“在任何情况下都没有价值的躯体过程，而且在许多情况下确具病理性”。所以，梦的所有特征都可以被解释为是由原本处于沉睡中的脑内独立器官或细胞群之间互不连通的活动所导致的，而这些活动是被各种生理刺激所强迫的。

大众的观点几乎不受这一科学判断的影响，他们也不关心梦的来源。大众似乎坚信，梦还是具有某种意义，这种意义与对未来的预测有关。通过对令人困惑和迷惘的内容进行解释，我们便可发现这种意义。解释的方法是，将人们记忆中的梦的内容进行转换，或者用一个固定的密钥一点一点对之进行替换，或者将梦作为一个整体替换为另一个与之有象征关系的整体。认真思考的人对这种努力一笑置之:“梦境如泡影。”

## 第二节

一天，我非常惊讶地发现在对梦的各种理解中，最接近真相的并不是医学的理解，而是通俗的理解，尽管这种理解有一半是迷信。因为我过去在研究梦境时应用了一种新的心理学研究方法——这种方法已经在解释恐惧症（phobia）、强迫症（obsession）、妄想症（delusion）等病症时取得了卓越成效——并得出了全新的结论，所以从那时起，“精神分析”就得到了整个学派研究者的认可。梦境生活与清醒状态下的各种精神疾病之间存在众多类似性，这一点确实被许多医学研究人员正确地观察到了。因此，我们似乎完全有理由希望，一种在研究精神病理结构时取得了令人满意结果的研究方法，也将有助于揭开梦的面纱。对正常意识来说，恐惧症和强迫症是难以理解的，就像对于清醒意识来说，梦也是难以理解的。相对于意识而言，恐惧症和强迫症的起源就像梦的起源一样是未知的。出于对这些精神病理结构的现实考虑，人们不得不对其起源和发展模式展开研究。这是因为经验表明，潜藏在意识之下的多个思维序列将病理性观念与其余的心灵内容联系了起来，对思维序列的揭露等同于消解症状，而揭露的结果便是，至此还无法被抑制的一些想法得到了控制。因此，精神治疗是我解释梦的起始步骤。

尽管在执行这一步骤之前，有必要进行引导和练习，但这个步骤是很容易描述的。

让我们以一个患有恐惧症的病人为例。我们要求他把注意力集中在一个特定的观念上，让他注意出现在他脑海中的任何事情，并将其报告给医生，而不是让他像往常那样去思考这个观念。如果他声称自己的注意力根本抓不住任何东西，我们可以笃定地反驳，因为脑海里没有任何观念性的主题内容是绝对不可能的。事实上，他脑海中很快就会出现许多观念，而且这些观念还会引出其他观念；但自我观察者总是会在开始时作出判断，并说这些观念是毫无意义的、不重要的、不相关的，是他偶然想到的，与当下正在考虑的主题没有任何关系。我们立刻察觉到，正是这种批评的姿态阻止他意识到并报告这些观念。如果我们能引导他放弃批评，而继续去关注他集中注意力时出现的思维序列，我们就会发现自己拥有了大量的精神素材，这些素材显然与作为我们出发点的病理观念有关。这些素材很快就会揭示出这一病理观念与其他观念之间的联系，并最终使我们能够用一种新的观念来取代这一病理观念，而这一新观念将用一种可以理解的方式适应思维网络。

在此，我们无意于详细说明这个实验所依据的前提，或其无一例外的成功所带来的成果。而是，如果我们把注意力完全转向那些“非自愿的”“干扰我们思考的”、通常被我们的批判能力视为垃圾的无用联想上，我们便能获得解决一切病理观念的线索。

如果我们将这一步骤用在自己身上，我们可以通过立即写下那些最初难以理解的联想来最大限度地帮助研究。我现在要展示，如果我将这种方法应用到梦的研究上会有什么结果。事实上，如果要达成这个目的，任何一个梦的例子都应该同样适用；但出于特殊原因，我会选择一些我自己的梦，一个在我回忆中显得晦涩且毫无意义的梦，其优点在于比较简短。实际上我昨晚做的一个梦也许就能满足这些要求。我醒来后立刻记录下了这个梦，它的内容如下：

> 定食聚餐……菠菜被吃掉了……E. L. 夫人坐在我旁边。她把全部的注意力都转到我身上，并以一种很亲密的方式把手放到我的膝盖上。我毫无反应地移开她的手。于是她说道："但是你总是拥有如此美丽的眼睛。"……于是，我看到了一张有两只眼睛的模糊图片，仿佛是一幅画，或一副眼镜的轮廓……

这就是这个梦的全部内容，至少是我能记得的全部内容。对我而言，这个梦似乎晦涩难懂，毫无意义。但最令人惊讶的是，E.L. 夫人与我之间从未存在过友谊，而且据我所知，我也从没想过与她有更密切的关系。我很久没有见到她了，我相信这几天也没有人提起过她的名字。这个梦境过程也没有伴随任何类型的情感。

对这个梦的反思并没能让我对它有更进一步的理解。然而，我决定不带任何预设和批判地写下在自我观察中呈现出的联想。正如我所发现的那样，为了实现这个目的，我们最好把梦分成多个要素，然后分别找出与每一个片段有关的联想。

定食聚餐。这立刻让我想起了昨天深夜的一段经历。我在朋友的陪伴下离开一个小型聚会，朋友主动提出打车送我回家。“我更喜欢坐带有计价器的计程车，”他说，“计价器可以占据一个人的思想，令人舒适。它让人总是有东西盯着看。”当我们在计程车上坐好后，司机设置好了计价表，于是六十海勒的起步价在计价表上清晰可见。接着我开了一句玩笑：“我们刚上车，就已经欠他六十海勒了。”带计价器的计程车总是让我想起定食，它让我变得贪婪和自私，因为它总是在提醒我有所亏欠。我的债务增长过快，我很怕在讨价还价的过程中吃亏；就像定食一样，我总是滑稽地觉得自己的那份太少，并且必须时刻关注自己的利益。接着，我漫不经心地引述：

> 您带给我们生命，您使可怜之人感到内疚。
>
> （Ihr führt ins Leben uns hinein，Ihr lasst den Armen shuldig warden.）①

现在是有关定食的第二个联想。几周前，当我们在蒂

---

① 这句话来自歌德的作品《威廉·麦斯特的学徒岁月》中竖琴演奏者的一首歌。在原文中，这句话是写给天神的，可以从字面意义上翻译为：“您带给我们生命，您使可怜之人感到内疚。”但是，“Armen”和“schuldig”这两个词都有另一层含义。“Armen”的意思可能是财务上的“贫穷”，而“schuldig”的意思可能是“负债”。因此，在目前的上下文中，最后一句话也可以表述为“您让穷人陷入债务”。（本书注释若无特殊说明，均为译者注。）

罗尔山区度假胜地的一家酒店用餐时，我非常恼怒，因为我觉得我妻子在面对坐在周围的那些人时不够保守，而那些人我一点也不想认识。我让她把注意力多放在我身上，而不是那些陌生人身上。这像是我在对定食的讨价还价中处在劣势的重演。我妻子在餐桌上的举止与我梦中 E.L. 夫人的举止之间的反差让我感到非常吃惊，后者在梦中“把她全部注意力都放到了我身上”。

接着，我明白了梦中的事件是我和妻子之间发生的一段小插曲的类似重现。当年我正在秘密地向她求爱的时候，她在餐桌桌布下给我的爱抚便是她对我的殷切情书的回复。然而，在梦中，我的妻子被一个比较陌生的人——E.L. 夫人取代了。

E.L. 夫人的父亲曾是我的债主。于是我不由自主地注意到，这揭示了梦的部分内容和我的联想之间有着毋庸置疑的联系。如果我们跟随一系列联想，从梦中内容的一个要素开始，我们很快就会被带回到梦中内容的另一个要素上。我对梦的联想则让那些在梦中隐藏的联系显现出来了。

如果一个人总是期盼他人能不图回报地关注自己的利益，那么他的天真很容易引起一个带有鄙视的质问：“你认为我为你做这做那只是因为你那双漂亮的眼睛？”既然如此，E.L. 夫人在我梦中的那句“你总是拥有如此美丽的眼睛”只能意味着：“人们总是因为爱你，便为你做了一切；你总是不用付出任何代价便拥有了一切。”当然，事实恰恰相反：从别人那里得到的任何好处都让我付出了高昂的代价。然而，我的朋友昨天用计程车送我回家，我却没有付钱，这件事肯定给我留下了深刻的印象。

顺便说一句，昨天请我们吃饭的那位朋友，我经常亏欠他。直到最近，我才有了一个偿还他的机会。我给他送了一件礼物——一只古董碗，碗周围画着很多被称为“奥奇奥尔”的眼睛来避开“邪恶之眼”。此外，他还是一名眼科医生。同一天晚上，我请他照看一位曾被我送到他那里配眼镜的女病人。

正如我现在所看到的，几乎梦中内容的所有要素都被带入了新的语境。然而，为了维持一致，人们可能会进一步提问为什么菠菜会进入梦中。答案是，菠菜让我想起了不久前在我们家餐桌上发生的一件事。当时我那个眼睛漂亮得让人称赞的孩子，一点菠菜都不愿意吃。我自己小时候也是这样，很长一段时间我都讨厌菠菜，直到最后我的口味改变了，菠菜成了我最喜欢的食物之一。一提到这道菜，我自己的童年和我孩子的童年就联系在了一起。“你应该为有菠菜吃而感到高兴，”小美食家的母亲对他喊道，“有些孩子只要能吃到菠菜就很开心。”因此，我想起了父母对子女们的责任。歌德的那句话在这种联系中有了新的意义：

> 您带给我们生命，您使可怜之人感到内疚。

我将在这里暂停下来，仔细研究一下我迄今为止从梦的分析中获得的成果。通过跟随从梦的背景中剥离出的一些单独要素所引起的联想，我得到了一些想法和回忆，并且我成功认识到它们是我心理生活的重要产物。对梦的分析所揭示出的这些素材与梦的内容有着密切的联系，尽管这种联系不可能让我从梦的内容中推断出新鲜的素材。这个梦没有感情、并不连贯，且难以理解。但是，当我推导出梦背后的这些想法时，我意识到了那些强烈且有足够根据的情感冲动，这些思想本身立刻进入了逻辑链条，其中某些核心观念反复出现。因此，“自私”与“无私”，“负债”和“不劳而获”这些对立的要素正是这类核心观念，尽管它们没有在梦里出现。我本可以把通过分析所获得的素材线索更紧密地汇集到一起，之后再展示出它们其实都汇聚在一个节点上。但是出于个人的考虑，而非科学的考虑，我无法公开这样做。我本有责任吐露许多我应该继续保密的事情。因为在寻求梦的解释的过程中，各种我甚至不愿对自己承认的事情都被揭露出来了。人们会问我为什么不选择其他的一些梦。这些梦的分析更适合报告，这样我就可以得到更令人信服的证据，以此来体现分析发掘出的素材的意义和联系。答案是，我要处理的每一个梦可能在报告时都会面临同样的困难，这使我不得不同样谨慎。并且，我也不应该通过报告别人的梦来避免这样的困难，除非周遭环境允许我在不伤害向我吐露心声的人的情况下去这么做。

在我目前达到的这个点上，我被引导着把梦看作思维过程的一种替代，它们充满了意义和情感。这一结论是我在分析完成之后获得的。我们还不了解梦从这些思想中产生出来这一过程的本质。但我们可以看到，将梦视为没有任何精神意义的纯粹生理过程，或将其视为由睡眠引起的各组脑细胞群产生的孤立活动的过程，这是完全错误的。

另外两件事已经很清楚了。梦的内容比被我视为梦的替代的思想要简短很多；分析表明，梦的诱因是我做梦前一晚的一件无关紧要的事情。

当然，如果只凭对一个单一梦例的分析，我不应该得出如此广泛的结论。然而，如果经验向我展示出，通过不加批判地追寻每一个梦所产生的联想，在那些重复出现，并以一种合理而明了的方式互相联系在一起的构成梦的要素中，我可以得到类似的思路，那么我们就可以放心地无视一种微小的可能性，即我们第一次实验中所观察到的联系只是出于偶然。因此，我认为我有正当理由用一个术语来具体化我们的新发现。为了将留在我记忆中的梦与分析所发现的相关素材进行比对，我将前者称为“梦的显性内容”，而将后者不加以任何区分地称为“梦的隐形内容”。我现在面临着两个迄今为止还未被提到的新问题。

（1）将隐梦转化为在我记忆中已知的显梦的心理过程是什么？

（2）促使这种转化的动机是什么？

我将隐梦转化为显梦的过程描述为“梦的工作”。而这一活动的对应物已经为我们所知，即带来相反方向转化的工作，我们已知这就是分析工作。梦所带来的其余问题——梦的诱因、梦的素材来源、梦可能具有的意义、梦可能具有的功能以及梦被遗忘的原因——我对所有这些问题的讨论都基于对隐梦的新发现，而非显梦。如分析所揭露的那样，由于我将文献中所有关于梦境生活的矛盾和不正确的观点都归因于对隐梦的忽视，因此今后我将煞费苦心地避免把显梦和隐梦混为一谈。

## 第三节

从隐梦到显梦的转化值得我们倾注所有的注意力，因为这是我们所知的第一种改变表达方式的转化，即精神素材从一种我们易懂的表达方式转化为另一种需要我们借助导引并付出努力来理解的表达方式，尽管这种方式也必须被视为我们心理活动的一种功能。

就显梦与隐梦之间的关系，梦可以分为三类。第一类是我们可以分辨出的那些合情合理，且同时容易理解的梦，这类梦可以毫无困难地嵌入我们心理生活的背景中。我们有很多这类梦。它们大多都很短，对我们来说普遍不值得关注，因为它们没有什么令人惊讶或奇怪的地方。顺便说一句，这类梦的出现构成了一个可以反驳梦起源于不同脑细胞群孤立活动理论的有力论据。这些梦没有体现出精神活动减少或变零散的迹象，然而我们从不质疑它们也是梦这一事实，也不会将它们与清醒生活的产物混为一谈。第二类梦由这样一些梦组成，尽管这些梦本身是连贯的，并且合情合理，但却令人困惑，因为我们不明白如何将这种合理性与我们的心理生活相匹配。例如，我们梦见了亲戚死于瘟疫，可我们没有理由去期待或假设这样的事情，我们便会惊讶地问："我怎么会有这样的想法？"最后，第三类梦包含了那些既说不通也难以理解的梦，这些梦似乎不连贯，混乱且毫无意义。我们所做的绝大多数梦都具有这些特征，这就是医学理论对梦的评价如此之低的原因。医学理论认为梦只是一种受限的心理活动。其最为明显的迹象是不连贯性时常出现，尤其在那些较长和较复杂的梦境中。

显梦和隐梦的对比显然只对后两类梦尤其是第三类梦有意义。在那些梦里，我们才会面对谜题，且只有当我们将显梦替换为其背后隐藏的思想时，这些谜题才会消失。我先前那段分析正是最后这一类的一个例子——一个令人困惑又难以理解的梦。然而，与我们的预期相悖，我们遇到了阻碍，我们完全了解隐梦梦思的动机。类似经验的不断重复，可能会让我们思考梦令人难以理解和困惑的本质与揭露梦背后思想的困难之间是否存在着密切而有规律的联系。在探究这种联系的本质之前，为了方便起见，先将注意力转向第一类更容易理解的梦。在这类梦中，显梦和隐梦是一致的，于是梦的工作似乎便可以有所节省。

此外，对这类梦的检视还带来了一些便利。因为儿童的梦就是这一类——有意义且容易理解。在这里顺便说一句，我们有一个进一步的论点，可以用来反对将梦的起源追溯到睡眠期间彼此分离的大脑活动这一观点。理由在于，这种精神功能的减弱为何成了成人睡眠状态的特征而非儿童睡眠状态的特征呢？此外，我们完全有理由期待，由于对儿童精神过程的解释可以在很大程度上被简化，因而这种解释可以成为研究成人心理不可或缺的开端。

因此，我将写下一些我从儿童那里搜集的梦例。一名十九个月大的小女孩在某天早上呕吐，因而一整天不能进食；护士声称她是因为吃了草莓而感到不适。在饿了一天之后的夜晚，有人听到小女孩在睡梦中喊着自己的名字，并补充道："斯瓦布威斯，维德斯瓦布威斯，奥姆布利特，布登（Stwawbewwies，wild stwawbewwis，omblet，pudden）！"[①]因此，她当时应该正梦见她在吃饭，而在她的菜单上，她特别强调了这道特定的美食。那时她有理由相信，不久之后她就只被允许吃极少量的东西了。

一名二十二个月大的小男孩做了一个类似的梦，他梦见了一场他被拒绝享用的盛宴。前一天，他必须送给叔叔一篮子新鲜樱桃作为礼物，当然，他自己只被允许品尝一颗。他带着一个振奋人心的消息醒来："赫尔曼把所有的樱桃都吃光了！"

有一天，一名三岁半的女孩坐船游湖。然而，显然这次航程对她来说不够长，因为当她不得不下船时，她哭了。第二天早上，她报告说，她在前一晚梦见她还在湖上游玩——她延续了之前被中断的航程。

一名五岁半的男孩在达赫斯坦附近散步时表现出了不满。每次看到一座新的山，他都会问那是不是达赫斯坦山，并在最后拒绝和其他同行的人一起参观瀑布。他的拒绝行为被人们归因于疲惫；但当第二天早上他报告说他梦见自己爬上了达赫斯坦山时，他先前的行为得到了更好的解释。

---

① 儿童的牙牙学语，意为：草莓、野草莓、蛋糕、布丁。

他显然以为这次远行最终会让他爬上达赫斯坦山，当他被告知再也见不到达赫斯坦山时，他变得沮丧起来。他在梦中弥补了前一天他没有得到的东西。

一名六岁的女孩做了一个非常相似的梦。在一次和父亲散步的过程中，由于时间太晚，她和父亲没有走到预定的目的地。在他们回来的路上，她注意到路牌上写着另一个地标的名字；她的父亲答应下次再带她去那里。第二天早上，她见到父亲并告诉他自己梦到他们一起去了这两个地方。

所有的这些儿童梦中的共通要素是显而易见的。他们都实现了那些在白日里很积极但未被满足的愿望。他们的梦是纯粹且毫不掩饰的愿望满足。

而另一个儿童的梦虽然乍看不太容易理解，但也不过是一个愿望的实现。一个还不到四岁的小女孩因为小儿麻痹症发作被从乡下送去了城里。她和一位无子的姑姑度过了一晚，并被安排睡在了一张巨大的床上——当然，这张床对她而言太大了。第二天早上，这位小女孩说她梦见床对她来说太小了，小到她躺不下。如果我们记得，孩子们时常会表达“想要长大”的愿望，那么我们就很容易发现这个梦在表达一个愿望。床的尺寸是一种令她不悦的提醒，提醒着这个“未来的大孩子”在当下的矮小，因此，她在梦中修改了这种让人不悦的关系。她在梦中长得太大了，以至于这张巨大的床对她来说也太小了。

即使当儿童梦的内容变得复杂而微妙时，我们也不难认识到这些梦是愿望的满足。一名八岁的男孩梦见他和阿喀琉斯一起坐在一辆战车里，而狄奥米德是车夫。据说他前一天沉浸在一本关于希腊英雄传奇的书里。我们很容易看出，他以那些英雄为榜样，并为没有生活在那些英雄所在的时代而感到遗憾。

以上这几个例子直接揭示了儿童梦境的另一个特征：梦与白日生活的联系。梦中满足的愿望来自白天，且通常是做梦的前一天，这些愿望在清醒生活中都伴随着强烈的情感。任何重要、令人关切，使儿童产生想法的事情都会进入他们的梦境。

在成人身上也可以找到无数这种婴幼儿类型梦境的例子，但是如我之前所说，这些梦的内容大多很简短。因此，许多人在夜间经常梦到喝水来应对口渴的刺激，从而尽力摆脱这种刺激，使睡眠得以继续。对于一些人而言，这种“便利之梦”经常发生在醒来之前，此时起床的必要性就呈现出来了。他们梦见自己已经起床，站在盥洗盆前，或者梦见自己已经在某个时间点到了要去的学校或办公室。在旅行的前一晚，我们经常梦见已经到达目的地；所以同样的，在去剧院或参加聚会之前，梦通常会预期即将到来的快乐，表现出迫不及待的心态。在另一些梦中，愿望的满足更间接地表达在一个阶段，即在意识到愿望满足之前，必须先建立起某种联结或暗示，也就是说，必须先进行一番解释说明。例如，一名男子告诉我，他年轻的妻子曾做过一个梦，梦见她的月经已经来了。我认为，如果这位年轻女子错过了她的经期，那么她一定知道自己正面临着怀孕。因此，当她报告自己的梦，并宣布自己怀孕时，梦的意义代表着她愿望的满足，即希望怀孕可以推后一段时间。带有这种婴幼儿特征的梦在异常或极端情况下尤其常见。一位极地探险队的领队就记录过，当探险队的队员在冰原过冬，靠着单调和短期配给的粮食过活的时候，他们经常像孩童一样梦见丰盛的饭菜、堆积如山的烟草，还梦见自己回到了家里。

一个并不罕见的现象在于，在一个相对漫长、复杂，而又总体上令人困惑的梦中，某一个特别清晰的部分凸显了出来，它包含了一种明确的愿望实现，但它与其他一些难以理解的素材捆绑在一起。就成人的梦来说，任何对分析梦有经验的人都会惊讶地发现，即使是那些表面上看起来澄明的梦，也很少像孩子的梦那样简单。在显而易见的愿望满足背后，可能还隐藏着一些其他的深意。

如果分析工作能够让我们将成人那些毫无意义且令人困惑的梦转化为婴幼儿类型的梦，从而追溯到做梦前一天的那些强烈的愿望，那么这确实是一个简单又令人满意的解决梦的谜题的办法。然而，这种期待是毫无保证的。梦总是充斥着最平庸和最奇异的素材，而且梦的内容中也没有任何满足愿望的迹象。

但是，在放下婴幼儿梦境及其赤裸裸的愿望满足特征之前，我不能遗漏梦的一个主要特征，这个特征一直都是显而易见的，而且在这一类梦中尤其明显。每一个梦例都可以被一个祈愿句替代:“哦，要是湖上的旅行能持续更长的时间就好了！”“要是我已经洗好了衣服就好了！”“要是我能留着这些樱桃，而不是把它们给叔叔就好了！”但是，梦带给我们的不只是这样的祈愿句。它向我们展现出已经被满足的愿望，它向我们展现出愿望得到了切实的满足。尽管梦的表象中并非全部是由情景和感官形象组成的素材，但其主要特征还是视觉特征。因此，即使在婴幼儿组别中，一种可以被描述为梦的工作的转化过程也并非完全不存在，这种转化过程即一个以祈愿形式表达的思想被替换为了一个现在时的表象。

# 第 二 章

# 梦的机制

# 第一节

我们倾向于假设，即便是在那些令人困惑的梦中，一些相似类型的转化也出现了，尽管我们不知道被转化的东西是否也是祈愿性的。然而，先前我所报告的梦例中的两个段落及其分析给了我们质疑以上假设的理由。分析表明我因为妻子在餐桌上一直关注着别人感到很不愉快；而梦的内容恰恰相反——替代我妻子的那个人把她的全部注意力都放在了我身上。但是，一次不愉快经历所带来的愿望却比愉快经历带来的愿望合适得多，而这就是在梦中得到满足的愿望。分析揭露出我痛苦的想法，即我从未不劳而获，这与梦中女人说的话，即“你总是拥有如此美丽的眼睛”之间存在着完全相似的关系。因此，显梦和隐梦之间的对立可以归因于愿望的满足。

尽管倾向于产生不连贯的梦境，但梦的工作的另一项成就更令人惊讶。任何一个梦例，我们将其不同要素的数量，或这些要素所占据的空间写下来，去和分析所得的梦思，即梦本身留下的痕迹做比较，就会发现——毫无疑问，梦的工作导致了大量的压缩或凝缩。一开始，我们无法对这种凝缩的程度做出任何判断，但越是深入到梦的分析中，这种凝缩似乎就越让人印象深刻。梦中内容里联想思路中的每个要素都会分支到两个或多个方向，梦中的每个场景似乎都是由两个或两个以上的印象或经历拼凑在一起的。例如，我曾经梦到一个游泳池，其中的泳客分散在各个方向。在游泳池边缘的某个地方，有人站在那里，面对一个在水里的人弯下腰，似乎是为了帮助她从水里离开。这个情景是由我青春期记忆里的一次经历和两幅画组合在一起的。其中一幅还是我在做梦前不久看到的，这幅画是施文德描绘米卢辛传说系列中的一幅，展现了水中惊讶的女仙。另一幅画是一位意大利大师画的大洪水。我记忆中青春期的一小段经历则是看到一位游泳学校的教练帮助一位女士从水里离开。在教练帮助完其他男泳客之前，这位女士一直留在水里。

在先前我用于解析的例子中，有关这个场景的分析勾起了我一系列的回忆，每一段回忆都对梦中内容做出了贡献。最早是我订婚时的一个插曲，这个插曲我已经谈到过了。餐桌下我手上的爱抚，便是这段插曲的一部分，它为梦提供了“桌子下面”这一细节——这是我不得不事后添加进我对此梦回忆的一个细节。这段情节本身毫无疑问地有“注意力转向我”的这一细节，分析表明，“注意力转向我”这一要素通过呈现与现实事件相反的方式满足了我的愿望，它还与我妻子在餐桌上的举止有关。但是，这个近期回忆的背后掩藏着一个完全相似且更为重要的场景，这个场景发生在我订婚的时候，并且让我和妻子疏远了一整天。一只手亲密地搭在我膝盖上，这个场景来自一个完全不同的背景，涉及完全不同的人。而梦中的这一要素反过来成了两段独立记忆的起点。接下来的素材也是如此。

当然，为了构造梦中情景而被打包在一起的梦思中的素材必须能为了这个目的做出自我调节。所有的成分中必须存在一个或多个共通要素，然后，梦的工作就会如同弗朗西斯·高尔顿构建他的家庭照片一样进行[①]。可以说，梦的工作将不同的要素相互叠加。然后，其中的共通要素在合成的画面中清晰地突显出来，而相互矛盾的细节或多或少地相互抹杀。这种生产方式也在一定程度上解释了为何梦的内容中有如此多的要素表现出不同程度的特征模糊。基于这一发现，梦的解析奠定了这样的规则：在分析一个梦时，如果某种不确定的内容可以被解释为“不是……就是……”，那么我们为了解释说明必须将之替代为“……与……”，并将每一个明显的替代品视为一系列联想的独立起点。

如果各种梦思中的这类共通要素并未呈现，那么梦的工作就要创造一个共通要素，这样一来不同的思想就有可能在梦中被赋予一个共同的表述。要把两个起初毫无共通之处的梦思结合在一起，最便捷的办法就是改变其中一个的语言形式，使之折中以贴合另一个梦思，而另一个梦思可能也同样被赋予了一种新的语言形式。这一过程类似于押韵，在押韵的过程中我们必须寻求一个类似的声音，正如在当下寻找共通要素。梦的工作的很大一部分就在于创造这种非常巧妙的媒介思想，尽管它们经常显得很牵强。这种媒介思想遂构成了显梦中合成图像与梦思之间的关联，这些关联是由梦的刺激因素决定的，在形式和本质上

---

① 弗朗西斯·高尔顿在十九世纪八十年代发明了合成肖像的技法，即把不同人的肖像叠加起来形成一张“平均脸”。他曾开展一项研究，即通过合成肖像来发现一个家庭中的家庭成员共有的面部特征。这项研究被应用于创造理想的家庭形象，预测后代的相貌等。

多种多样。对梦例的分析为我们提供了这样一类范例，一个思想为了接触另一种与其本质上不同的思想，被赋予了一种新的形式。在分析的过程中，我有了这样一个想法："我希望有时不用付钱就能得到一些东西。"但是，这个思想的形式不能被应用于梦中内容。于是，这一思想被赋予了一种新的形式："我想得到一些享受而没有任何花销（kosten）[①]。"现在，"kosten"这个词的第二个含义便符合"定食聚餐"的一系列想法，因此可以由梦中出现的"菠菜"来表达。当一道菜出现在我们的餐桌上，而孩子们拒绝了，他们的母亲首先会试着说服他们，并敦促他们"品尝（花销）一点"。梦的工作可以如此随意地利用语言上的含糊，这一点可能看起来很奇怪，但更多的经验会告诉我们，这种情况是相当常见的。

凝缩过程进一步解释了梦中内容的某些成分，这些成分是梦所特有的，在清醒观念中见不到。我们脑海中有"集合""合成图像"和奇怪的"合成结构"，它们与东方的民间想象所创造出的合成动物没有什么不同。然而，我们的思想已假设后者有刻板形态。而在梦中，各种新的合成形态不断地被构建出来，千变万化，但我们对这些来源于自己梦中的结构都很熟悉。

把这类形象组合在一起的方法有很多种。我可以将两个人的特征放到一个人物形象上；或者我可以赋予它一个人的形态，而在梦中认为它有着另一个人的名字；或者我

① 德语"kosten"既意为"代价"，也意为"品尝"。

可能在合适的情况下将某个人的视觉图像放在另一个人身上。在所有这些情况下，梦中由不同的人组合成的单一形象是有意义的。这种合成形象企图表示“和”或“就像”的关系，或者企图将原本的人物与合成人物在某个特定的方面进行对比，这种对比甚至会被梦本身明确地呈现出来。然而，通常只能通过分析才能发现合成人物之间的共通要素，并且只有通过分析梦中内容合成形象的形成才能发现。

梦中数量巨大的合成结构以同等多样的方式组合在一起，解析这些结构的规则也是如此。我没有必要引用任何例子。一旦我们下定决心，记住合成结构是梦凝缩的产物，通过有效的缩略形式来强调组合对象间的共通特征，而不是把合成结构和我们清醒知觉中的对象归为一类，那么这些合成结构的奇异之处就会完全消失。同样，分析通常会发现共通要素。梦中内容只会像过去所说的那样：“所有这些东西都有一个共通要素 $x$。”剖析这些合成结构往往是找到梦的意义的最快方式。因此，有一次我梦见我和大学时的老师一起坐在一张长椅上，这张长椅被其他长椅包围着，正在飞快地向前移动。这是演讲厅和电动步道（trottoir roulant）[①] 的结合体。至此，我便不再继续探究这一系列的想法了。

还有一次我梦见我坐在火车车厢里，腿上放着一个大礼帽形状的物体，但它是由透明玻璃制成的。这个情景让

---

① 法语“trottoir roulant”是在 1900 年巴黎世界博览会上展出的一条移动的步道。

我立刻想到了一句谚语："礼帽在手，走遍天下。"[①]（意为礼多人不怪。）玻璃礼帽让我绕了一小段弯路——我想到了一个白炽的汽灯罩。不久我就意识到，我想要像我的同胞奥尔·冯·韦尔斯巴赫博士那样，通过做出一项发明，变得富有又独立，而且我也想去旅行，而不是留在维也纳。在梦中，我带着我的发明去旅行，即这顶玻璃礼帽，这项发明确实是真的，只是此时还没有多大的实际用处。梦的工作特别喜欢用一个合成结构表达两种对立的观念。比如说一个女人做了一个梦，梦中她看到自己手持一束很高的鲜花，正如圣母报颂图中天使手捧的那样（这代表着纯真，巧合的是，她自己也与圣母同名，叫玛丽亚）。另外，花束上盖满了许多像山茶花一样的大朵白花（其含义与纯真恰好相反，它与小说《茶花女》[②]有关）。

关于梦的凝缩，我们所认识的很大一部分都可以用这个公式来概括：梦中内容的每一个要素都由梦思的素材"多元决定"，即梦中内容的每一个要素并不是由梦思中的单个要素推导出来的，而是可以追溯到很多要素。这些要素在梦思中不一定紧密相关，它们可能属于思维构造中最互相疏远的区域。从最严格意义上讲，一个梦的要素就是梦中内容所有分散素材的"代表"，但分析揭示了梦中内容与梦思之间复杂关系的另一面。就像每个梦的要素都可以

① 德文原文为"Mit dem Hute in der Hand kommt man duchs ganze land"，其中"Hute"意为"帽子"。

② 《茶花女》是著名的法语文学作品，其中的主人公玛格丽特人称"茶花女"，是一位风尘女子，因此茶花的意义与"纯真"相反。

与数个梦思相连一样，一个梦思通常也由多个梦的要素来代表；在梦的凝缩过程中，梦的要素与梦思之间的关系纵横交错，错综复杂。

凝缩，从思想到情景的转化（戏剧化）是梦的工作中最重要、最奇异的一点。然而，到目前为止，还无人知道促使素材进行压缩的动机。

## 第二节

就我们现在讨论的那些复杂又令人困惑的梦来说，凝缩和戏剧化并不足以解释我们对梦中内容和梦思间差异的全部印象。我们有证据证明还有第三个因素在起作用，而且这个证据值得仔细探究。

最重要的是，当我们通过分析认识到梦思时，我们观察到，显梦涉及的素材与其背后隐藏的梦思涉及的素材完全不同。可以肯定的是，这只不过是一种表面现象，更仔细的检视会消除这种表面现象。因为我们最终会发现，整个梦的内容都是从梦思中衍生出来的，而且几乎所有的梦思都会在梦的内容中得到表达。尽管如此，某些区别依然存在。通过分析，在梦中既明显又清晰的实质内容必须满足于在梦思中扮演一个极其次要的角色。以我们的感觉为依据，梦思中最为突出的部分，要么完全不以观念性素材的形式出现在梦的内容中，要么只是在梦的某个模糊部分略微被提及。

我们可以这样说：在梦的工作过程中，精神强度从其原本所属的思想和观念上，转移到了另一些在我们的判断中没有得到任何重视的思想和观念上。只有梦的工作能以如此程度掩饰梦的意义，并让梦中内容和梦思之间的联系变得无法辨认。我把这个过程称为梦的转换，正如我们进一步发现的那样，在转换过程中，思想的精神强度、意义、情感潜能都转化成了鲜活的感官体验。我们常常会理所当然地假定，显梦中最明显的要素就是最重要的要素；但实际上，核心梦思最直接的衍生物往往是一个模糊的要素。

我提到的梦的转换同样可以被描述为“精神价值的重估”。然而，我不会对这一现象进行详尽的评估，除非我能补充说明梦的转换或重估过程在不同的梦中表现程度不同。一方面，有些梦的形成几乎不伴随这类转换过程，这些梦都合情合理且容易理解，例如那些被我们视为直白地满足愿望的梦。另一方面，有些梦中，梦思完全没有保留自身的精神价值，或者说梦思中最为核心的部分被一些琐碎的东西替代了。在这两种极端情况之间，我们找到一个完整系列的过渡型的梦。一个梦看起来越是模糊，越是令人困惑，在其构建中梦的转换起到的作用就越大。

我们的梦例至少在一定程度上展现出了这种转换，即梦的中心内容与梦思并不相同。在梦的内容中占据最突出位置的一个情景是，一个女人在试图接近我；而梦思主要在强调我希望能享受一种无私的爱，一种我“不用付出任何代价”的爱，这个观念隐藏在那句关于“漂亮眼睛”的话里，以及牵强的“菠菜”引喻背后。

通过分析逆转梦的转换过程，我们可以得到完全可靠的信息来解答两个与梦有关且备受争论的问题：梦的诱因、梦与清醒生活的关系。有些梦会即刻显示出它衍生自当天发生的事件，而另一些梦中却找不到任何此类衍生的痕迹。借助分析的帮助我们会发现，每个梦无一例外都可以追溯到过去几天留下的印象，或者更准确地说，是梦之前的那天，即“做梦当天”留下的印象。这些印象在梦的诱因中扮演了尤为重要的角色，以至于我们在白天便可以毫不费力地关注到它们，在这种情况下，我们可以说梦承接了我们在清醒生活中的着重关注点。然而，一般来说，如果我们发现了梦中内容与前一天某些印象的联系，而且这些印象都很琐碎、微不足道、难以记住，那么我们很难再回忆起来。在这种情况下，梦的内容本身较为连贯且容易理解，但也似乎围绕着一些最无关紧要的琐事，这些琐事在我们清醒时一点也不值得关注。人们对梦的轻视在很大程度上是因为梦中内容倾向于采用那些无关紧要的琐事。

一些误导性的表面内容成就了这种贬低性的判断，而分析消除了这些误导性的表面内容。如果一个梦的内容体现出其诱因只是些无关紧要的印象，那么分析总是会揭露出一段足够刺激梦者的重要经历。这段经历会被替换为一段无关紧要的经历，两者被大量的联想连接在一起。在梦的内容涉及无关紧要且无趣的观念素材之处，分析揭露出将那些琐碎之事和在梦者的评估中具有最高精神意义的事物连在一起的无数条联想路径。如果进入梦中内容的只是一些无关紧要的琐碎印象和素材，而非激动人心和有趣的事情，那么这其实只是转换过程的效果使然。如果我们基于隐梦替代显梦的结论来回答梦的诱因，以及梦与白天事物之间的关联问题，那么我们就会得出结论：梦绝不会涉及那些我们在白天认为不值得关注的事，而且那些在白天对我们毫无影响的琐碎之事也无法在睡梦中纠缠我们。

在我们为分析所挑选的梦例中，梦的诱因是什么呢？无疑就是朋友请我免费搭乘计程车这个无关紧要的事件。定食聚餐的梦暗示了其无关紧要的直接原因，在我的言辞中，我把计程车比作了定食聚餐。但是，我还可以指出这件琐事代表的一段重要经历。几天前，我为一位我喜欢的家庭成员花了一大笔钱。若这位家庭成员对我心怀感激，则难怪梦思说：这种爱可不是什么“免费”的东西。然而在梦思的中心，爱是不需要任何代价的。不久前，我曾经和这位亲戚一起搭过好几次计程车，因此朋友请我搭计程车的经历让我想起了这位家庭成员。

由于这种联想而成为梦的诱因的琐碎印象还受到另一个条件的制约：这些琐碎印象必须来自近期，必须衍生于做梦当天。但是，这一条件并不适用于梦的真正来源。

离开梦的转换这一主题之前，我们还要注意一个在梦的形成中值得关注的过程。在这个过程中，凝缩和转换结合在一起产生了某种结果。在考虑凝缩时，我们已经看到两个在梦思中具有共通点且彼此相关的观念是如何在梦的内容中被替换成一个合成观念的。在这个合成观念中，一个相对明显的内核代表了两个观念之间的共通之处，而一些模糊的附属性细节则对应两者的差异。如果在凝缩的同时发生转换，那么如此构建出来的则不是一个复合观念，而是一个“过渡共通体”，它与这两个不同要素之间的关系类似于四边形法则中分力和合力的关系。比如说，我曾做过一个梦，梦的内容中有一个关于丙基（propyl）注射的问题。一开始，分析仅仅把我引向了作为梦的诱因的琐碎的经历，且其中有一部分内容涉及戊基（amyl）。此时，我还不能为戊基和丙基之间的混淆辩护。然而，在这个梦背后的一组观念中，还有我第一次去慕尼黑的一段回忆，那里的通廊（propylaea）令我印象深刻。这些分析中的细节使得我假设，正是第二组观念对第一组的影响导致了从戊基到丙基的转换。因此，丙基成了戊基和通廊之间的过渡观念，并且作为一种妥协，丙基通过凝缩和转换进入了梦中。

为了发现梦的工作中那些令人费解的动机，相较于凝缩，我们更迫切需要研究的是转换的过程。

## 第三节

除非我们能理解转换过程使梦思失真的原因，否则我们无法发现或识别梦中内容里的梦思。

然而，梦思也会经历另一种更温和的转化，这使我们发现了梦的工作的另一成果，这一成果极易理解。在我们进行分析时，最初发现的梦思常常以一种非同寻常的表达方式让我们感到震惊。这些梦思不被我们思想常用的平淡语言所包装，而是通过明喻、暗喻的方式被象征性地表达出来，通过像诗意演讲一般被表达出来。这里不难解释梦思的表达形式所受到的限制。显梦的很大一部分是由图像化的情景组成的。因此，梦思必须相应地先得到一些处理以适应这种呈现形式。想象我们正面对着一个问题，即用一系列图像来表达一篇政治社论或法庭上律师陈词中的一些论点，我们就很容易理解，出于对梦中内容可表示性的考量，梦的工作做出修改的必要性了。

梦思中的精神素材经常包含着对那些印象深刻的经历的回忆（经常可以追溯到童年早期），于是这些精神素材总是被当作有视觉主题的场景。在任何可能的地方，梦思的这一部分就会对梦中内容的表达形式施加决定性的影响。它构成了一个结晶核，将梦思素材吸引到自身之上，进而影响其分布。梦中的情景往往只是这类令人印象深刻的经历经过修改后的一种重复，它们由于被篡改而变得复杂，而如实且直接的现实场景则很少于梦中再现。

然而，梦中内容并不完全是由情景组成的，还包括零散的视觉形象、言语，甚至还有一点未经修改的思想。因此，也许我们可以简要地列举，梦的工作为了以梦必要的特殊表达方式来再现梦思，可以使用的几种表现形式。

通过分析可知，梦思是结构最为复杂的精神复合体之一。其各个部分之间存在着多种多样的逻辑关系，这些部分代表着前景、背景、条件、题外之意、说明、一系列证据和抗辩。几乎每个思想链条都总伴随着与它矛盾的对立面。这种素材具有我们清醒思维熟知的一切特征。如果现在所有这一切都要变成一个梦，精神素材就会受到大幅度的压缩，从而经历内在的碎裂和转换，而破裂或转换又会创造出一些新的层面。这些压力还会带来一种选择性的操作，即挑选出最适合构造情景的部分。如果我们考虑到这些素材的起源，那么这种过程应该被描述为一种“退行”[①]。然而，在这个转变的过程中，迄今为止那些把精神素材维系在一起的逻辑链条消失了。于是梦的工作所能接管和操纵的只是梦思的实质性内容。因此，分析工作要完成的任务就是恢复那些被梦的工作所摧毁的联系。

相较于智能的语言表达方式，梦的表达方式可能很贫乏。然而，梦不需要完全放弃重现梦思中逻辑关联的可能性，相反，梦常常只需要将这些逻辑关联替换成自己结构中的形式特征就足够了。

首先，通过将所有素材结合到一个单一的情景中，梦将各部分梦思之间必然存在的联系纳入考虑。梦通过近似的时空来再现逻辑关联，就像画家在名画《帕那苏斯山》中用一组诗人代表了所有的诗人一样。诚然，诗人们从未聚集在同一座山的山顶，但他们的确形成了一个概念群组。当梦向我们展示梦中内容的两个相近要素时，也采用了这种再现形式来展示细节。这表示在梦思中这两个要素的对应物有着尤其亲近的关系。顺便说一句，通过观察可知，同一个晚上做的所有梦都衍生于同一系列的思想。

---

① 俄耐斯特·琼斯（Earnest Jones）在《弗洛伊德的梦理论》（*Freud's Theory of Dreams*）一文中，将退行过程总结为将抽象的心理过程化为原始知觉，将梦思化为其原材料的过程。

《帕那苏斯山》——拉斐尔

两个思想之间的因果关系要么没有被表现出来，要么被两段长度不同的梦所构成的序列表达。在这里，表象通常是颠倒的，梦的开头成了结果，而梦的结论成了前提。在梦中，一件事立刻转变为另一件事似乎就代表了因果关系。

“要么……要么……”这种二选一的关系从不会在梦中得到表达。在梦中，二选一中的两个对象好似都是同等真实的。我已经提到过了，在记录梦境时，要把“或者”转变为“和”。

梦倾向于用同一个要素来表达两个相反的观念[①]。在目前所涉及的梦中，否定似乎是不存在的。两个思想之间的对立，即相反的关系，可以在梦中以一种最引人注目的方式表现出来。即：由梦中内容的其他被颠倒的片段表现出来，如同事后的补记。我们现在要说到表达对立关系的另

① 一位著名的语言学家曾认为，最古老的人类语言都倾向于用同一个词来表达相反的对立面。（举例："强—弱""内—外"，这可以描述为"一个原始词拥有的对立意义"。）

一种方法。在梦中很常见的运动抑制的感觉也可以表达两种冲动之间的矛盾，即意志冲突。

有一种逻辑关系在梦的形成机制中非常发达，即相似、协调、拥有共同属性的关系。通过将一切符合这类关系的内容汇聚为一个新整体，梦的工作将这类关系作为梦凝缩的基础。

当然，这一系列粗略的评论并不足以充分阐释梦用来表达梦思中逻辑关系的方式。各种梦或多或少地都在这一方面精心构建：它们或多或少地贴合呈现给他们的主题，或多或少都利用了使梦的工作更开放的有利方法。在第二种情况下，梦显得晦涩、令人困惑且不连贯。然而，如果一个梦显然荒诞得令人诧异，如果其内容包含了一段明显荒谬的片段，那么这是有意为之的。梦表面上对一切逻辑要求的无视实际是在表达梦思中的一段理智内容，梦中的荒诞代表着梦思中的矛盾、讥笑、嘲讽。因为与这一说法极为冲突的一种观点主张梦是分离的、不带批判的心理活动的产物，因此我将通过一个梦例来强调这一说法。

我们都认为，我的一位熟人M先生在一篇文章中遭到了不公正的暴力抨击——抨击他的人正是歌德。M先生自然被击垮了，于是他在餐桌上向他人愤怒地抱怨这件事。然而，他对歌德的崇敬并没有因为这段个人经历而受到影响。我试着理清这些资料的时间顺序，其实在我看来这十分困难。歌德于1832年去世。由于他对M先生的攻击一定早于此，因而M先生当时一定还很年轻。说他当时只有十八岁也是合理的。然而，我不太确定我们当时处在哪一年，以至于我的整个计算都变得模糊不清了。此外，攻击 M 先生的内容就出现在歌德的著名文章——《论自然》中。

如果我解释说，M 先生是一个年轻的商人，对任何诗歌和文学都没有兴趣，那么这个梦的荒谬特征就会更加明显。然而，我毫不怀疑，当我开始分析这个梦之后，我将展现出这种荒谬里蕴含了多少“手段”。

这个梦的素材有三个来源：

第一，M 先生是我在某次饭局上认识的人之一。有一天他让我给他兄长做检查，那位兄长出现了瘫痪的迹象。在我与这位病人的交谈过程中有一个难堪的插曲，病人丝毫不顾及场合地提起了他弟弟年轻时的一次胡作非为。我问过病人的出生日期（参见梦中歌德去世的那一年），并让他做了一些数字计算以测试他的记忆力。

第二，一份医学杂志——我的名字也是杂志扉页上的众多名字之一——发表了一位青年评论员“毁灭性”的书评，他批判的对象是我在柏林的朋友 F 写的一本书，我因此联系了杂志的编辑。尽管编辑表示很遗憾，但是他无法承诺做出任何补救。我因此与这个杂志断绝了关系，但我在辞职信中表示，希望我们的私人关系不会因为此事受到影响。这正是这个梦的真正来源。朋友的著作遭到反对这件事给我留下了深刻的印象。在我看来，这本著作中包含着一个根本性的生物学发现，而这项发现直到多年后的今天才得到专家们的青睐。

第三，我的一位女病人在不久前向我讲述了她弟弟的病情，以及她弟弟是如何突然狂乱地大喊“自然！自然！”。医生们认为，他的喊叫源于他读了歌德有关这一主题的那篇引人瞩目的文章，而这表明她弟弟在研究上工作过度了。我曾说过，我认为从性的角度来理解他喊叫的“自然”更合理，如同那些教育程度较低的人用“自然”这个词来表达某种性欲意味。至少我的这种想法没有被一个事实所证伪，即这位不幸的年轻人后来切断了自己的生殖器。他疾病发作的时候仅有十八岁。

在梦中，第一人称的自我（ego）背后首先隐藏着我那惨遭批判的朋友。“我试着理清这些资料的时间顺序。”——我朋友的著作涉及生命的年代数据，而且书里还表明，歌德的寿命是许多在生物学中有着重要意义的日子的倍数。但是，这个自我类似于一个瘫痪病人：“我不太确定我们当时处在哪一年。”于是梦便拼凑出，我朋友的举止就像一个瘫痪病人，因此这个梦整体非常荒诞。然而，梦思却讽刺地说：“自然啦，他是个疯狂的傻子，而你是个天才，知晓得更多。这不可能反过来吧？”但是，梦中有许多这种反向的例子。比如说，歌德攻击这位年轻人，这就很荒谬。但若是一位年轻人攻击伟大的歌德，这就很合理。

我想说的是，梦只能由以自我为中心的动机所驱动。事实上，上述梦中的自我并不仅仅代表着我朋友，也代表着我自己。我将自己等同于他，因为他的遭遇似乎也预示着我的发现即将面临的待遇。如果我提出我的理论，强调性在精神神经症的病因中所扮演的角色（参看那位十八岁的病人大喊“自然！自然！”），那么我肯定会遭到同样的批判。不过我已经准备好用同样的嘲讽姿态来应对了。

如果我们进一步探寻梦思，那么我们就会发现，显梦中的荒诞与讥笑和嘲讽有关。众所周知，正是歌德在威尼斯的丽都发现的一个裂开的羊颅骨，让他有了所谓的颅骨脊椎学说的概念。我的朋友自夸说，当他还是学生时，他曾掀起过一阵迫使一位老教授辞职的浪潮，尽管这位老教授曾非常有名（尤其在比较解剖学的同一分支中），但由于老年痴呆，他无法胜任教学工作。因此，我朋友煽动改革这种有害的体制并取得了成功。根据这种体制，德国大学里的学术工作者没有年龄限制。但是众所周知，年长并不能防止愚钝。我有幸一直在医院的一位领导手下工作，这位领导长期以来都像个化石，几十年来都因头脑迟钝而臭名昭著，但是他依然被允许继续履行其职责。此刻我想到了一个描述性的措辞。一些在医院的同辈们为这位主任编了俚语“歌德写不出来，席勒编不出来”等等。

## 第四节

我们对梦的工作的鉴定还没有结束。除了精神素材的凝缩、转换、布置图像之外，我们还必须将另一项机能归于梦的工作，尽管并非每一个梦中都会出现这项机能。我不会详尽论述梦的这一部分工作，我仅仅要指出一点，想形成一个关于此机能的本质概念的最简单方法是假设它只会在梦的内容构建完成之后再起作用，尽管这种假设可能不符合事实。然后，此机能的功能在于安排梦的组成部分，使它们形成一个近似连贯的整体，即梦的合成。通过这种方式，梦被赋予了某种毫不掩藏其内容的真实外表，因此能得到一些初步解释。这些解释会得到添加和略微的修改。顺便说一句，这种修饰一定不能太明显，且这种修饰所引起的对梦思的误解只能停留在表面。我们分析一个梦的首要工作就是清除掉这些企图解释的早期尝试。

梦的这部分工作的动机非常明显。对梦的可理解性考量导致了对其最终的修饰，这揭示了这种机能的起源。这种机能对待梦中内容的方式，就如同正常的精神活动对待呈现给它的各种知觉一样。这种机能假设梦的内容是可理解的，并以某些先行的观念为基础来理解梦的内容，在它感知到梦中内容的那一瞬间就开始整理这些内容。如此一来，这种机能就冒着伪造梦中内容的风险。事实上，如果这一机能无法将梦中内容与熟悉的事物关联起来，那么这些内容就会得到最奇怪的误解。众所周知，如果不考量可理解性，不用已知的内容去伪造认知，那么我们无法看清一系列陌生的标志，无法听懂由未知的词语构成的对话。

经过类似于清醒思维的精神活动的修饰，这些梦可以称得上“构造良好”。而在其他一些梦中这种活动却完全崩溃了，甚至没有试图对精神素材进行整理或解释，而且因为我们醒来后，觉得自己和梦的工作的最后一部分重合了，所以我们做出了一个判断，即梦“令人绝望般地困惑”。然而，从分析的角度来看，一个近似于一堆碎片的梦与一个经过精心润色、有着光滑外表的梦具有同样的价值。虽然在前者中，我们的确可以省去一些去除添加在梦中内容上的润饰的麻烦。

然而，如果我们假设这些梦的外表只是我们精神生活的意识对梦中内容进行的一种错误而武断的润饰，那我们就大错特错了。在建立梦的外表的过程中，会经常运用一种预先构造好的形式，它们出现在梦思中的愿望性幻想中，可以恰当地说这些愿望性幻想近似于我们清醒生活中的“白日梦”。分析揭示，在夜梦中的这种愿望性幻想常常重复幼年场景，或是被修改后的幼年场景；因此在某些梦中，梦的表面直接揭示了梦的实际核心，而这个核心因为掺杂了其他素材而变得扭曲。

梦的工作呈现的活动只有我们提到的这四种。如果我们继续将“梦的工作”定义为将梦思转化为梦中内容的过程，那么就会得到这样的结论：梦的工作不是创造性的，其本身不会制造出幻想，也不会做出判断或是下结论。梦的工作的功能仅仅是对素材进行凝缩和转换，将素材修改为图像形式，以及一种可变的因素，即解释性的润饰。的确，我们在梦的内容中发现了各种各样的事物，我们会倾向于将其视为某种更高智能功能的产物。但是，针对每一个梦例的分析都令人信服地揭示出，在梦思中这些智能操作已经执行过了，且只有梦的内容袭用了这些智能操作。从梦中得出的结论只不过是对从梦思中得出的结论的一种重复，如果从梦思中得出的结论原封不动地进入了梦中，那么它会显得太过完美；如果梦的工作将这个结论转接到其他素材上，它就会显得毫无意义。梦中内容带有的计算仅仅意味着在梦思中也存在一种计算，尽管后者总是理性的。但是，如果梦中计算的因素经过了凝缩，或者如果其数学运算被转接到了其他素材上，那么梦的计算可能产生最不合常理的结果。梦中内容里的言语甚至也非原创，它们是那些被梦思回想起的，说过、听过、读过的言语的杂合，其措辞在梦思中得到了准确再现，然而其来源则完全被忽视了，而且其意义也被大幅改变了。

最后这几条论点或许可以由几个例子来支持。

（1）以下是一位女病人做的一个听起来很单纯且构造精良的梦。

> 她梦见她和她的厨师一起去市场，厨师提着篮子。在她向屠夫索要什么东西后，屠夫对她说"那个现在已经得不到了"，然后提供了别的东西，并补充说"这个也很好"。她拒绝了那样东西，并走到一个卖蔬菜的妇人那里，那个妇人试图让她买一种特别的蔬菜，这种蔬菜被绑成捆，颜色是黑色的。她说："我不认识这个，我不会要的。"

"那个东西现在已经得不到了"这句话源于治疗本身。几天前，我用这句话向病人解释，原始的童年记忆"现在已经得不到了"，但在分析中被"移情"和梦境替换了。因此，我就是那个屠夫。

第二句话“我不认识这个”则链接到一个完全不同的场景。在前一天，她斥责了那位附带出现在梦中的厨师：“放规矩些！我都不知道你在做什么！”无疑，这句话意味着她并不理解这种行为，也不会容忍这种行为。梦的转换所导致的结果就是，这句话中较无恶意的部分进入了梦的内容；但在梦思中，只有这句话中的另一部分在起作用。这是由于梦的工作将一个假想情景缩减至完全无法理解，且极度无害的情况，尽管在某种程度上厨师依旧对这位女病人有着不得体的举止。病人在想象中所期待的这个情景，其实只是她实际经历的一个新的版本。

（2）以下是一个包含数字的无意义梦境。她要为某些东西付钱。她的女儿从她（母亲）的钱包里拿了三弗罗林和六十五克朗。做梦者对她说：“你在做什么？这只需要花二十一克朗。”

做梦者来自国外，而她的女儿在本地上学。只要她女儿继续留在维也纳，她就可以继续来我这里治疗。做梦的前一天，女校长建议她让女儿在学校再待一年。这样她也可以继续接受一年的治疗。如果我们还记得“时间就是金钱”，那么梦中的数字就会变得意味深长。一年等于三百六十五天，体现为金钱就是三百六十五克朗或三弗罗林加六十五克朗；而二十一克朗对应三个星期，这恰好是从做梦那一天算起到学期结束的时间，也是离治疗结束剩下的时间。显然，这位女士是出于金钱上的考量才拒绝了女校长的建议，这也是梦中那笔钱数量较少的原因。

（3）一位女士尽管非常年轻，但已结婚多年，她收到消息说她的一位熟人——基本上算是她的同辈——艾莉丝·L小姐已经订婚了。

> 她和丈夫在剧院里。剧场的一侧完全是空的。她丈夫告诉她，艾莉丝·L和她的未婚夫也曾想来，但只能买到较差的座位，即三个座位只要一弗罗林五十克朗。他们当然不会买这样的座位。但是她觉得，就算他们买了这样的座位也没什么坏处。

这里我们感兴趣的是，在梦思素材中的这些数字的来源，以及这些数字经历过的转化。一弗罗林五十克朗来源于哪里呢？它其实来源于前一天的一件无关紧要的事情。她的嫂子收到丈夫的一件礼物，即一百五十弗罗林，她急忙用这笔钱去买了一件首饰。值得注意的是，一百五十弗罗林正好是一弗罗林五十克朗的一百倍。而与票数“三”唯一有联系的就是，她那位最近订婚的朋友比她小三个月。梦中的情景是一个小事件的重复，她丈夫曾因此而取笑她。有一次，她为了能在戏剧开始前买到票而匆忙赶去剧院。当她走进剧院时，她发现剧场的一边几乎是空的。她其实没有必要这么着急。最后，我们不能忽视梦中的一处荒谬之处，即两个人要买三张戏剧票。

现在，我们来谈谈梦思：“结婚这么早是很荒谬的。我完全没有必要这么着急。从艾莉丝·L的例子中我发现我应该晚点再结婚。确实，我本应找一个好上百倍的丈夫（一件珍宝）。”“如果我能够等等，我的钱（嫁妆）本可以买到三个这样好的男人。”

# 第 三 章

# 为什么梦掩盖了欲望

# 第一节

通过先前的讨论，我们已经熟悉了梦的工作，我们无疑倾向于认为它是一种相当特殊的精神过程。据我们所知，这类精神过程在其他地方并不存在。这就好似，梦作为梦的工作的产物，其唤起的所有惊奇都被我们继续带到了梦的工作中。然而，事实上，梦的工作只是整个系列的精神过程中最初被发现的那一个，它是癔症症状、恐惧症、强迫症和妄想症的原因。就其他这些过程而言，凝缩和转换也是不变的特征。此外，将素材调整为图像形式，仍旧是梦的工作的独特之处。如果这种解释将梦与精神疾病产生的结构放在一起，那么对我们而言，揭示诸如梦的形成之类的过程的基本条件就变得尤为重要。得知不论睡眠状态还是精神疾病都不在这些必要条件之列，我们可能会感到非常惊讶。健康人群日常生活中的很多现象，比如遗忘、口误、笨拙的动作和某类特定的失误都可以归结于一种精神机制，这种机制类似于梦的机制，也类似于这一系列机制中的其他机制。

问题的核心在于转换机制，这是目前为止在梦的研究工作中，取得的所有特殊成就中最引人注目的一个。如果我们深入这个主题，我们就会意识到转换的基本条件纯粹是精神性的：其本质上是一个动机。如果我们考虑到那些在分析梦境时不可避免的经历，我们就能找到动机的轨迹。在分析我的梦例时，我不得不中断我在前面对梦思的报告，因为正如我所承认的那样，我更希望向陌生人隐瞒我的部分经历，除非我在重要的地方上做出大幅修改，否则我无法告诉别人。我补充说，如果我选择的不是那个梦，而是以分析报告为目标选择的另外的梦，那么我什么也得不到：在每个令人困惑且内容模糊的梦中，我应该直面那些需要保密的梦思。然而，如果我继续对我自己做分析，而不是参考他人的梦（因为是私人经历，所以是我的梦所不能及的），我最终就会得到一些令我惊讶的思想。我之前意识不到我的这些思想，对我来说，它们不仅看起来陌生，而且令我不悦，所以尽管贯穿分析的思维链条始终存在，我依旧会竭力反驳。只有一种方法可以解释这种普遍存在的事态，那就是假设这些思想确实存在于我的意识中，且具有一定的精神强度或能量，但因为我不能意识到它们的存在，所以它们处在一种特殊的精神情况下。我管这种特定情况叫“压抑”。因此，我们不禁得出结论，在梦中内容的模糊性与特定梦思的压抑状态（在意识上的可接受性）之间存在因果关系，并且梦为了忠于那些被排斥的梦思不得不变得模糊。因此，我们被引向了“梦的歪曲”的概念，这种歪曲是梦的工作为了伪装梦思的产物。

我要在我为分析而选的梦例上进行测试，并查证究竟是什么思想以歪曲的形式进入了那个梦，而该思想若是没有经过歪曲，我定会予以否认。我记得，免费搭朋友的计程车让我想起了最近和一位家庭成员的一趟昂贵车程。当时对这个梦的解释是“我希望能体验一种我不用付出任何代价的爱”。我也记得就在做梦前不久，我为这位家庭成员花了一大笔钱。由于这些背景，我不可避免地得出结论，即我后悔花了这笔钱。直到我意识到这一冲动，我才明白为何我在梦中渴望毫无代价的爱情。不过，我可以诚实地说，当我决定花这笔钱时，我一点也没有犹豫。与我当下的感觉相反，我的后悔并没有被我意识到。为什么它没有被我意识到，这是另一个深远的问题。我知道这个问题的答案，但这个答案属于另一个问题。

如果我分析的梦不是我自己的，而是别人的，结论也是一样的，我们出于不同的理由如此相信。如果做梦者是一个健康的人，除了指出梦思的背景之外，我没有其他办法迫使他承认这些已经发现的被压抑的思想；如果他拒绝承认这些思想，那么我便无能为力了。然而，如果与我打交道的是一个有神经症的人，比如癔症病人，他会被迫承认那些被压抑的思想。因为这些思想与他的疾病症状有关，而且他用这些受压抑的思想取代症状后病情得到了改善。例如，通过分析我提到过的那位女病人做的梦，即三张戏票花费一弗罗林五十克朗的梦，我不可避免地得出了一个结论，即她对丈夫的评价很低（参见她本可以得到一个“好百倍”的丈夫的想法），她后悔嫁给了他，而且她想换一个丈夫。诚然，她声称爱自己的丈夫，而且她的情感丝毫不知她对丈夫的差评，但她的所有症状都引向了和梦境相同的结论。在她恢复了一段被压抑的记忆后，即在某段时期她有意识地不爱她丈夫，她的症状消失了，她也不再抵触关于这个梦的解释。

# 第二节

既然我们已经确立了压抑这个概念，并将梦的歪曲与受压抑的精神素材联系起来，我们就可以概括我们从对梦的分析中得到的主要发现。对于那些容易理解又有意义的梦，我们发现这些梦是不加掩饰的愿望满足。也就是说，这些梦中场景所满足的愿望是被意识所知的，这些愿望是白天遗留的，且理所当然会引起兴趣。而在一些模糊且令人困惑的梦中，我们发现了非常类似的东西：梦中场景代表了一个愿望的满足——一个通常源自梦思的愿望，但这个愿望以一种无法辨认的形式被表达了出来，只有通过分析才能追溯其解释。在这种情况下，要么愿望本身是被压抑的，并且与意识不相容，要么愿望与被压抑的思想密切相关，而且基于被压抑的思想。因此，这类梦的规则如下：这些梦是受压抑愿望的变相满足。有趣的是，这一点证实了一个大众信念，即梦总是预示着未来。事实上，梦向我们展示的并非即将发生的未来，而是我们想要发生的未来。这里的大众信念一如既往：想要什么，就相信什么。

根据对愿望满足的态度，梦被分为三类。第一类梦毫不掩饰地代表了不受压抑的愿望。这类梦属于儿童梦境，在成年人中较为罕见。第二类梦变相表达了受压抑的愿望。毫无疑问，我们所做的绝大多数梦都是这类梦，这些梦需要进行分析才能被理解。第三类梦代表了未经掩饰或掩饰不足的、被压抑的愿望。最后这类梦往往伴随着会使梦境中断的焦虑，在这类情况下，焦虑取代了梦的歪曲。而在第二类梦中，焦虑只能通过梦的工作来避免。我们可以很轻易地证明，在梦中使我们焦虑的观念性内容原本是一个愿望，只是后来受到了压抑。

也有一些非常清晰而内容却令人痛苦的梦。在这些梦中，痛苦却没有被感受到（体验到）。因此，它们不能算作是焦虑之梦，但它们一直被用来证明梦没有意义，也没有精神价值。对这类梦的分析会表明，我们所处理的是精心伪装的、被压抑愿望的满足。也就是说，我们在处理的是第二类梦。分析还会表明，转换过程是如何完美地适用于伪装愿望的。

一个女孩在梦中看见她姐姐唯一幸存的孩子死了，而梦中这个孩子去世的场景正是她在现实中见到姐姐第一个孩子的尸体时的场景。她对此并不感到痛苦，但她很自然地拒绝了一个想法，即这个梦代表她的某种愿望，而且也没有必要如此假设。然而，几年前，她在姐姐的第一个孩子的棺材旁见过她热恋的男人，并与之交谈过，如果第二个孩子也死了，她无疑会在她姐姐家再次见到那个男人。她渴望这样的会面，但她抗拒这种感觉。在做梦当天，她买了一场讲座的门票，演讲之人正是她依旧钟情的那个男人。她的梦单纯表达了她的急躁，如同那些在去旅行、去戏院等类似的享受之前做的梦。但是，为了掩饰她的这种渴望，情景被转换到了最不适合产生愉悦感的事情上，尽管这样的情况之前就发生过。我们可以观察到，梦中的情绪性行为适应于发生在同一背景下的现实内容，而非在梦中被推到显著位置的内容。梦中的情景预见了她期盼已久的会面，因此梦没有理由带来任何痛苦的感受。

## 第三节

迄今为止哲学家们还没有机会关注压抑心理学。因此，我们可以通过把梦的形成过程建构成图像的方式，对这个至今没有答案的题目进行第一次探究。诚然，我们得到的示意图像（不仅来自梦的研究）非常复杂，但是我们也找不到更简单的表达。我们的假设是，在我们的心理装置中存在着两种思想构建机构，第二个机构的产物有权自由地进入意识，而第一个机构的活动本身是无意识的，且只能通过第二个机构进入意识。在这两个机构的交界处（第一个机构越过了第二个机构的地方），还有一个审查机制，只有令其愉悦的内容可以通过，其他内容都被截住了。于是，根据我们的定义，那些被审查机制拦截的内容处在压抑状态中。在特定条件下——比如睡眠状态就算是一种压抑状态，两个机构的力度关系得到调整，被压抑的内容不再被抑制。这种情况更可能在睡眠状态下发生是因为审查的松懈，当这种情况发生时，那些至此还受到压抑的内容就可能进入意识。然而，审查机制只会减弱，不可能完全消失，因此受压抑的素材必须经受特定的修改，从而弱化审查机制的影响。在这种情况下，进入意识的内容就是在两个机构的意图和要求之间的一种妥协。压抑—审查机制的松懈—妥协的形成，这不仅是梦的基本生成模式，也是其他精神病理结构的基本生成模式；而且在后者中，我们观察到妥协的形成也伴随着凝缩和转换的过程，以及对肤浅联想的运用，这些都是我们在梦的工作中已经熟知的机制。

我们没有理由掩饰一个事实，即在我们为了解释梦的工作而建立的假设中，一个被我们称为“恶魔”的要素扮演了重要角色。我们获得的印象是，模糊梦境的形成仿佛是一个人依赖另一个人，因此前者不得不说些后者爱听的话。正是在这个明喻的基础上，我们获得了梦的歪曲和审查机制的概念，并努力将我们的印象转变成一个心理学理论，这种理论无疑很粗糙，但至少是清晰的。在更深入地研究这个题目后，无论我们得到关于第一个机构和第二个机构的何种认知，我们都有把握期待印证一些我们之前的假设，即第二个机构控制着进入意识的途径，而且可以阻止第一个机构的意识进入。

当睡眠状态结束之后，审查机制会快速恢复其全部的力量，于是它便可以消除那些在它松懈时通过的内容。这至少可以部分解释梦的遗忘，无数次观察已经验证了这一点。在叙述或分析梦的过程中，那些看似被遗忘的梦中内容的片段经常再次浮现。这些遗忘后又复苏的片段总是让我们更好地、更直接地理解梦的意义。而这很可能就是这些片段被遗忘的原因，也就是说它再次被压抑了。

# 第四节

一旦我们认识到梦中内容代表着愿望的满足，而且审查机制对压抑素材的修改导致了梦的模糊性，我们就不难发现梦的功能。人们常说睡眠被梦打扰，但奇怪的是，我们却被引向了相反的观点，即梦必须被视为睡眠的守护者。

就儿童的梦来说，我们不难接受这一主张。无论是睡眠状态，还是睡眠中包含的精神修正，都是由睡觉的决心带来的，这种决心要么是强加在儿童身上的，要么是由疲惫感引起的。只有阻止了那些将精神装置[①]引向除睡眠以外的其他状态的刺激，才有可能睡觉。我们都很熟悉远离外界刺激的方式，但是有什么可行的方式可以控制那些阻止入睡的内在刺激呢？让我们来观察一位母亲是如何让孩子入睡的。这个孩子宣泄着源源不断的欲望：他还想要一个亲吻，他还想继续玩耍。他的母亲满足了他的一些欲望，但她也利用自身的威权将他的另一些欲望推迟到第二天再满足。明确的是，任何愿望和需求都会有抑制入睡的作用。我们都知道鲍尔丁·格罗尔讲过一个有趣的故事，一个在半夜醒来的坏小孩在托儿所里大喊着："我要那头犀牛！"一个表现好的小孩则会梦到自己在和一只犀牛玩，而非大喊大叫。由于做梦者在睡梦中会相信愿望真的得到了满足，

---

① 弗洛伊德在《精神分析纲要》(*An Outline of Psychoanalysis*)中说："我们将在空间中扩展，由本我、自我和超我组成，这两个特征归于一个装置上，而我们的心理生活就是这个装置的功能。"

因此梦使得这个愿望在现实中消失，并让睡眠成为可能。无可争议的是，梦的形象就是如此被相信的，梦披上了知觉的精神外观，而儿童此时还没有具备从现实中分辨出幻觉或幻想的成熟官能。

成人已经学会了如何分辨，他们已经认识到愿望毫无用处，且通过长期的练习他们也知道了如何延缓自己的欲望，直至找到漫长又迂回的途径来改变外在世界以满足欲望。所以对成人来说，在睡眠中沿着简短的精神路线实现自己的愿望是很少见的。事实上，也许这种情况从未发生，也许那些在我们看来以儿童梦的模式所构造的内容实际上都需要更复杂的解答。对成人来说（无一例外地适用于每一个感官健全的人），精神素材已经发生了分化，而这种分化并不发生在儿童身上。一种从生活经验习得的精神机构已经形成，这种机构对精神冲动施加了一种主导性且抑制性的影响，并一丝不苟地维持着这种影响。由于此精神机构与意识和自主活动的关联，其配备了最强大的精神力量工具。这个机构压抑了部分童年冲动，因为它们对生活毫无用处，而且任何从这些冲动衍生出的思想素材都处在压抑状态中。

现在，尽管这个让我们意识到正常自我的机构专注于对睡眠的渴望，但它似乎受到睡眠中心理生理条件的影响，被迫松懈通常用于在白天压抑素材的能量。无疑，这种松懈本身是无害的。无论童年心灵中的那些被压抑的冲动多么亢奋，它们都很难进入意识，而且因为处于睡眠状态，它们转为行动的道路也被阻塞了。但是，它们干扰睡眠的风险必须得到规避。我们必须假设在任何情况下，即便在深度睡眠期间，一定量的自由的注意力依然在值班，以对抗感官刺激，而且这个警卫有时候会认为醒过来比继续睡觉更为明智。否则，无法解释我们为何会因为一些具有特质的感官刺激而在某一刻惊醒。正如很久以前生理学家布尔达赫一直坚持的那样，比如说，一位母亲会被她孩子的啼哭声吵醒，一位磨坊主会因磨坊停转而醒来，大多数人都会因为听到自己的名字被轻声呼唤而醒来。现在，我们把对警卫的关注转向那些源自受压抑素材的、内在的愿望性刺激，并将其与这些内在刺激融合，以形成一个同时满足两个机构的梦（作为妥协）。通过满足受压抑的愿望（或借助受压抑的素材而形成），梦让受压抑的愿望得到了精神完满，但是梦也通过让睡眠得以继续，从而满足了另一个机构。在这方面，我们的自我已经准备好表现得像个孩子了，它相信梦的形象，仿佛在说："是，是！你完全是对的，但是让我继续睡觉吧！"由于梦令人困惑且毫无逻辑，这导致我们在清醒时对其估计过低，这可能只是睡眠中的自我对受压抑的冲动做出的判断，更恰当地说，这种判断基于梦的干扰者的无能。我们有时会在睡眠中意识到这种轻蔑的判断。如果梦中内容远远超出了审查机制的管控，我们会想："这终究只是一个梦！"然后继续睡觉。

这个观点并没有被一个事实反驳，即在边缘案例中，如同焦虑的梦那样，有一些梦不再能防止睡眠被打断，但是这些梦有另一个功能——让睡眠立即结束。如此一来，这些梦表现得像个一丝不苟的守夜人，他的职责在于防止出现干扰镇上居民睡眠的情况。但是，如果在他看来这些干扰非常严重以至于他无法独自处理，那么他的职责便是唤醒镇上的居民。

当一个外界刺激对睡眠者的感官造成冲击时，梦作为睡眠守护者的功能就会变得尤其明显。人们普遍认为睡眠过程中出现的感官刺激会影响梦的内容，这一点可以通过实验证明，这也是少数几个有把握的（这还是非常高估的说法）针对梦的医学研究发现之一。但是，这一发现涉及一个至今还未被解决的谜题。睡眠者在梦中并没有正确识别实验者对其施加的感官刺激，这可以有无数种解释，而对解释的选择则明显取决于武断的精神判决。然而，思想中并不存在武断的判决。睡眠者可能有几种应对外界感官刺激的方式。他可以醒来，也可以不顾刺激继续睡觉。在后一种情况下，睡眠者可以利用梦来消除外界刺激，而且他还有许多方式可以选择。比如说，他可以通过梦到自己处在一个与这个刺激完全不相容的情景下来消除刺激。这是一名被会阴脓肿干扰的睡眠者所采取的措施。他梦到自己骑在马上，把马鞍当作可以减缓疼痛的膏药，他因此避免了干扰。更常见的情况是，外界刺激被理解成了一种正待满足的愿望。在这种情况下，外界刺激脱离了现实，仿佛成了精神素材的一部分。因此，有人梦到自己写了一部有着特定情节的喜剧，这部喜剧在剧场上演，第一幕过后，掌声如雷，令人震惊……做梦者一定继续了他的睡眠，直到这个干扰停止。当他醒来时，他已经听不到噪音了，但是他却做出了正确的结论，即刚才有人在拍打地毯或床垫。

在睡眠者被巨大的噪音吵醒之前，每一个梦都试图解释这些唤醒梦者的刺激，以便能延长睡眠，即使只有片刻。

## 第五节

任何相信审查机制是梦歪曲的主要原因的人，在梦的解析得出大多数成人的梦都可以追溯到情色愿望的结论时，都不会感到惊讶。这一主张并非针对有着公开性内容的、所有梦者根据自身的经验都熟知的、通常唯独可以被描述为春梦的那些梦。即便是春梦，由于其无视做梦者在清醒生活中给自己的性欲所施加的种种限制，其选择的性对象也会让做梦者惊讶，而且这些梦会用很多奇特的细节暗示出那些通常被称为“性欲倒错”的特征。尽管很多梦在其显性内容中没有展现出任何情色的迹象，但是经解析工作分析，这些梦其实是在满足性欲。另外，分析表明，作为“前日残余”，清醒生活的活动留下的很多思想只能借助受压抑的情色愿望才能在梦中得到体现。

这种情况并不需要得到理论上的解释，但是为了解释这一事实，我们必须指出，除了性欲之外，没有任何其他本能因为文化教育的要求而受到如此严重的压抑，同时对大多数人而言，性本能也是最容易逃脱最高精神机构控制的本能。由于我们已经熟悉了幼儿性欲，这种性欲表现得如此微不足道，而且总是被忽视和误解，因此我们有理由说，几乎每一个文明人都在某些方面保留了幼儿式的性生活。我们因此能够理解被压抑的幼儿性欲是如何为梦的构建提供最频繁、最有力的原动力的。

一个表达性欲的梦要想在其显性内容中表现得天真无邪，与性无关，只有一种办法：有关性观念的素材必须在梦的内容中被替换为暗示或类似形式的间接表现。但是，和其他形式的间接表现不同，梦中的间接表现并不能被立即理解。满足这些条件的表现方式，通常被称为它们所表现的事物的“符号”。这些符号引起了我们的兴趣，因为我们注意到说同样语言的做梦者用同样的符号，而且在某些情况下，说不同语言的人甚至也会用同样的符号。由于做梦者们自己也不明白他们所用符号的意义，因此我们很难一眼就看出符号与其所代替或代表的内容之间的关系。然而，这个事实本身是毋庸置疑的，而且其在梦的解析技巧中非常重要。因为，有了关于梦的符号的知识，我们就有可能在不询问做梦者自身联想的情况下，理解梦中内容的独立要素或独立片段，甚至是整个梦的意义。一方面我们正在接近大众释梦的理想，另一方面我们回归到了古人所用的释梦技巧上。对于古人而言，解梦等同于解释符号。

尽管对梦的符号的研究还远未完备，但是我们可以肯定地就这一主题做出概括性的论述，并给出这一主题的特殊信息。有些具有单一意义的符号是广谱的：例如，皇帝和皇后（或国王和王后）代表着父母，房间代表女人[①]，房间的入口和出口代表身体的开口。大多数梦的符号都用于代表人物、

---

① 德文“Frauenzimmer”一词字面意思为“女用洗手间”，在德语中这个词通常用作“女人”的贬义。

身体部位、带着性趣所投身的活动，生殖器常常由许多令人惊讶的符号所代表，而且这些符号种类繁多。尖利的武器、长且不易弯折的物品，比如树杈或棍子都可以代表男性生殖器，而橱柜、盒子、车厢和烤箱都可能代表子宫。在这些情况下，这些参照物，即这些替代品之间的共有元素，可以立刻被理解。但是，还有不容易被理解的符号，像楼梯间或上楼这样的符号代表着性交，领带或领结代表男性生殖器，木头代表女性生殖器，在我们通过其他方式理解这些符号背后的联系之前，它们会一直激起我们的怀疑。此外，很多梦的符号是双性的，根据语境它们既可以被联系到男性生殖器上，也可以被联系到女性生殖器上。

有些符号是普遍的，是属于同一语言或文化群体的做梦者都会遇到的符号。而另一些符号则只出现在有限的群体或个人身上，个体用自己的观念性素材构建了这些符号。在前一类情况下，我们能发现一些人对性观念的表达受到其语言运用的支持（比如那些源于农业的符号，例如“施肥”或“种子”），而在后一种情况中，那些与性观念相关的符号可以追溯到我们很小的时候，追溯到最隐秘的概念功能上。就我在本段开头所区分的两类符号来说，构建符号的能力在今天依然没有被耗尽。我们观察到，最新发明的东西（比如飞艇）也成了普遍的性符号。

顺便说一句，有一种期待是完全错误的，即只要我们对梦的符号（或梦的语言）有了更加深入的认识，我们便不必询问做梦者对梦的联想，并完全回归到古老的释梦技巧上。除了个别符号以及对普遍符号的运用差异外，我们无法得知梦中内容的特定要素是应该得到符号性的解释，还是应该被理解为其意义本身。但我们可以确定的是，梦中内容不应全部被进行符号性的解释。梦的符号的知识只能让我们破译梦中内容的某些特定部分，但无法减少使用我之前给出的技巧原则的必要性。然而，在梦者联想不足或完全失败的地方，梦的符号可以对释梦提供极有价值的帮助。

为了理解所谓“典型”的梦，梦的符号是必不可少的。“典型”的梦对每个人来说都很常见，而且会在个体身上“反复出现”。

如果在这个关于梦的符号的表达模式的简短讨论中，我的论述不够充分，那么我要通过将注意力转到我们在这个议题上获得的最重要知识上，来为自己的疏忽做出辩解。梦的符号远远超过了梦的范畴：这种符号并不是梦特有的，其在童话、神话、传说、玩笑和民俗中都有着类似的主导性影响。它使我们能够追溯到梦和后面这些产物之间的紧密联系。我们不该假设梦的工作创造了梦的符号，这种符号很可能是无意识思想的一种特征，它为梦的工作——凝缩、转换和戏剧化——提供了素材。

## 第六节

我并不是说我已经在本文中阐明了所有关于梦的问题，也不是说，我以一种令人信服的方式处理了我讨论过的所有内容。任何支持我之前的观点且想要听到更加详细论述的人，都可以去看拙作《梦的解析》。现在我只需要指出我对梦的工作这一主题在论述方向上的追求。

我认为释梦的任务就在于将梦替换为隐藏的梦思，也就是要解开梦的工作所编织的内容。在此过程中，我一方面提出了一些新的心理学问题，这些问题关于梦的工作本身的机制，也关于所谓压抑的本质和条件；另一方面，我断言了梦思的存在，它储存着丰富的最高级别的精神结构，它有着正常智力功能所有的一切特征，但是它会从意识中抽离，直到它以歪曲的形式出现在梦的内容中。我不禁假设，这种思想在每个人身上都存在，因为几乎每个人，包括最普通的人，都可以做梦。梦思的无意识素材与意识、压抑的关系，进一步提出了对心理学来说具有重要意义的一些问题，但对这些问题的回答无疑要延后，直到分析能澄清其他精神病理结构的起源，比如癔症症状和强迫观念。

# 第 四 章

# 梦的分析

# 第一节

这些思考带给我们一种感觉，即对梦的解释可以让我们得出有关心理装置的结论，而这些结论是我们在哲学中没能获得的。然而，我并不打算遵循这一思路，在澄清了梦的歪曲之后，我将回到我一开始提出的问题上，即那些令人痛苦的梦是如何被归结为愿望满足的。现在我们认识到，如果存在着梦的歪曲，如果那些令人痛苦的内容只是为了掩饰做梦者的愿望，那么这是有可能的。请记住我们假设了两个精神机构的存在，因此我们可进一步说，令人痛苦的梦确实包含了令第二个机构痛苦的东西，但是就第一个机构而言，令人痛苦的梦同时也满足了愿望。就每个源于第一个机构的梦而言，这些梦皆是愿望性的梦；第二个机构与梦的关系是防御性的，而非创造性的[①]。如果我们只考虑第二个机构对梦的作用，那么我们就无法理解这些梦，权威人士观察到的一切梦中谜题便都无法解开。

梦有一个隐秘的含义，那就是愿望的满足，这一事实必须在每一个案例分析中被不断地证明。因此，我要选择几个有着令人痛苦的内容的梦，并且试着分析它们。其中一些梦是癔症患者的梦，我们需要对癔症的精神过程做很长的铺垫并且附加一些说明才能理解这些梦。但是，我无法逃避这些使我的论述变得更加困难的因素。

---

① 后面我们会探讨一些反例，即那些对第二个机构而言在表达愿望的梦。——原注

正如我解释过的，当我对一例精神神经症患者进行分析治疗时，我们总是会谈论到他的梦境。在这个过程中，我必须告诉他所有能使我理解他症状的心理学解释。于是，我不得不经受冷酷的批判，这些批判并不比同行们对我的批判柔和。我的病人总是反驳我的主张，即所有的梦都是愿望的满足。于是，他们会从梦的素材中找出一些例子来反驳我的主张。

“你总是对我说，”我的一位聪慧的女病人说，“一个梦就是一个被满足的愿望。好吧，那我要告诉你一个梦，这个梦的主题与你的观点完全相反——我的一个愿望并没有被满足。你如何用你的理论来解释这个梦？”这个梦是这样的：

“我想办一个晚宴，但是除了一点熏鲑鱼之外，我什么都没有。我本以为我会出去买点东西，但是我又想起那是星期天下午，所有的商店都关门了。接着，我试着打电话给宴会承办方，但是电话坏了。所以，我不得不放弃办晚宴的愿望。”

“当然，”我回应道，“只有分析才能判断梦的意义；尽管我承认，这个梦乍看是合理且连贯的，而且似乎与一个愿望满足的梦相反。但是，这个梦来源于哪些素材？如您所知，梦的诱因总是出现在前一天的事件里。”

**分析：**这位病人的丈夫是一位忠厚能干的屠夫，前一天他对这位病人说，他太胖了，因此打算开始减肥。他决定早起，锻炼身体，严格控制饮食，最重要的是不再接受任何晚餐邀请。这位病人笑着补充说，她的丈夫在他经常吃午饭的地方结识了一位画家，这位画家执意画一幅她丈夫的肖像，因为他从来没有见过这样富有表现力的面貌。然而，她的丈夫却直言不讳地回答说，他非常感激，但他确信画家更喜欢漂亮的年轻女孩的后背，而不是他的这张脸[①]。她与丈夫现在非常恩爱，而且她经常戏弄她丈夫。她也曾央求他不要再给她鱼子酱。

我问她这句话的含义是什么。她解释道，她一直都渴望每天早上做一个鱼子酱三明治，但是又舍不得花钱。当然每当她问起丈夫，她丈夫总是会允许她做。但是，相反，她曾要求丈夫不要给她鱼子酱，这样她就可以一直以此戏弄丈夫。

这个解释让我觉得难以置信。这种不恰当的解释往往掩藏着没有明说的动机。我想起伯恩海姆催眠过的一位病人。当某个催眠后的暗示起效时，病人被问起他为什么这么做，他并不会回答他不知道，他只是觉得他得被迫捏造出一些明显很牵强的理由。我的病人和鱼子酱无疑也是如此。我意识到，她被迫在她的现实生活中捏造出一个还未满足的愿望。她的梦实现了这个被她放弃的愿望。但是，为何她需要一个还未满足的愿望呢？

至此，她对梦的联想还不足以解释这个梦。我催促她再给出一些联想。短暂的停顿之后，好似她终于克服了障

---

① 参见“坐着让人画像”（sitting for one’s portrait）的说法和歌德的话：“如果没有屁股，那么老爷要如何坐下呢？”（Und wenn er keinen Hintern hat，Wie mag der Edle sitzen）歌德讽刺身份尊贵的人会坐着让人画像，如果没有屁股，那么这一尊贵的身份也就不存在了。

碍，她继续告诉我说，做梦的前一天，她拜访了一位女性朋友，她承认自己妒忌这位朋友，因为她（我的病人）的丈夫一直称赞这位朋友。幸运的是，她的这位朋友长得苗条又清瘦，而她的丈夫喜欢丰满的身材。我问她跟这位朋友聊了些什么。她很自然地答道，这位朋友想要长胖些，而且这位朋友反问道："你们什么时候再邀请我们吃饭呀？你的手艺这么棒。"

现在梦的意义就很清楚了，我对我的病人说："当她提出这一建议时，你就好像在对自己说：'怎么可能！我请你来我家吃饭，于是你就可以变丰满，更加吸引我丈夫的注意！我再也不可能请你吃晚宴了。'这个梦对你说的就是，你不能准备任何晚宴，这样一来你的愿望便得到了满足，即不能帮助你的朋友变丰满。你丈夫为了减肥而决定不再接受晚餐邀请，他的这一决定传达给你了一个事实，即人们在宴会上吃胖。"现在只缺少一些巧合来印证这一解释。梦中的熏鲑鱼还未得到解释。我问："你梦中为何会出现鲑鱼？"她回应道："哦，熏鲑鱼是我朋友最喜欢的一道菜。"而我自己也认识病人提到的这位朋友，我确信，她舍不得吃鲑鱼，不亚于我的病人舍不得吃鱼子酱。

这个梦还可以有另外一种更为微妙的解释，只要我们将一些附带的细节考虑进去，那么这种解释是不可避免的。（这两种解释互不冲突，但两者都建立在同样的基础上；两者都例证了一个事实，即梦与所有其他精神病理结构一样，常常也有多种解释。）我们还记得，我的病人在将自己的梦理解为一个愿望的放弃时，她同时也带出了一个在现实生活中放弃的愿望（吃鱼子酱三明治）。另外，她的朋友也表达了一个愿望——长胖，如果我的病人梦到她朋友的愿望（增重）得不到满足，那我们一点也不会吃惊。因为她自己的愿望便是她朋友的愿望不应该得到满足。但是，她却梦到她自己的愿望没有得到满足。因此，如果我们假设她梦中出现的主人公并不是她自己，而是她的好友，她把自己置于好友的位置上，或者我们可以说，她把自己和她的好友“一致化”了，那么这个梦就可以得到新的解释。我相信她确实有这么做，而她提出了一个她在现实中放弃的愿望正是这种认同的证明。

这种癔症般的认同有什么意义呢？这需要很长的解释。认同是癔症症状机制中一种极其重要的因素。在病人的症状中，认同使得病人不仅能表达自身的经历，也能表达很多他人的经历。认同能使病人代表一群人受苦，单独一人扮演各种角色。应该说，这其实是我们所熟知的癔症的模仿，癔症有能力模仿一些发生在别人身上，引起他们注意的各种症状，即他们的共情强烈到了复制的程度。然而，这只不过向我们展示出了癔症模仿过程中的精神过程所遵循的路径。此路径与沿着此路径进行的心理行为不同。后者比通常意义上的癔症模仿要复杂一点，这种心理行为被包含在无意识的推断中，一个例子能说明这一点。假设一个医生正在治疗一名女病人，这位病人患上了一种特殊的痉挛，而且她与其他病人住在同一间病房里。如果医生在一天早晨发现这种特定的癔症症状被其他病人模仿了，他一点也不会感到惊讶。这位医生只会说：“其他病人看到了这个症状，并复制了它，这就是精神感染的例子。”的确如此，但精神感染的发生要遵循一些原则。通常而言，病人互相之间的了解超过医生对他们的了解，在医生查房之后，病人们把注意力转到了彼此身上。我们可以想象，这位女病人某天突然发作了，其他病人很快就会发现，她的发作是因为一封家书，某段不幸恋情的死灰复燃或类似的事情。其他病人的共情心便会升起，而且他们会做出如下推断，尽管这种推断并不能深入意识：“要是这些缘由会导致这样的发作，那我也有同样的缘由让我发作。”如果这种推断能够进入意识，那么它可能让人恐惧同样如此发作，即害怕患上同样的症状。但事实上，这种推断是在一个不同的精神领域中出现的，而且最终会导致可怕症状的实际出现。因此，认同并不仅仅是模仿，也是基于相似病因学倾向的同化。它表达了一种相似性，这种相似性来自处在无意识中的一个共通要素。

认同在癔症中常用于表达一种共通的性元素。一个患有癔症的女性最容易（尽管并不是绝对）将自己认同成与自己发生过性关系的人，或者认同成那些像她一样，与同一个人发生过性关系的人。

语言运用将这一点考虑进去了，我们称两位相恋的人为“一对”。在癔症的幻想中，如同在梦中，具有性关系的思想就已经足够实现认同，性关系并不需要实际发生。因此，我们所讨论的那位女病人的梦只是遵循了癔症思维过程的规则，她在梦中替代了她的朋友，并通过创造一种症状——被放弃的愿望——使得自己与朋友一致化，从而表达她对朋友的嫉妒（她自己也知道这种嫉妒是不正当的）。这个过程可以这样用语言表达：因为我病人的朋友取代了她在丈夫身边的位置，且她（我的病人）希望在丈夫的赞美中取代她朋友[①]，于是我的病人便在梦中取代了她的朋友。

## 第二节

我的另一位女病人（我最聪明的一位做梦者）的梦反驳了我的梦理论，但解决她的矛盾更为简单，尽管要遵循相同的方式，即一个没得到满足的愿望意味着另一个愿望的满足。一天，我向她解释梦都是愿望的满足。第二天她向我讲述了一个梦，在这个梦中，她和她的婆婆去了度假之地旅行。现在我知道，她有着极其反对在婆婆身边度过夏天的想法，而且在几天前，她通过在一个偏远的度假区订了房间而成功远离婆婆，避免了她所恐惧的情况。现在，她的梦废除了她所希望的解决办法：这难道不是对我的理论——梦是愿望的满足——最有力的反驳？无疑，只有遵循梦的逻辑序列才能解释这个梦。这个梦表明“我是错的”。因此，她的愿望便是“我错了”，而她的梦展现出她的这个愿望得到满足了。但是，这个被满足的愿望——她

① 我后悔在我的论述中插入癔症的精神病理学节选，它们零散的呈现和与原本的语境的脱离必定使其启示效果有所削弱。然而，如果这些片段能够展示出梦和精神神经症之间的紧密联系，那么插入这些片段的目的也就达到了。——原注

希望我错了——与她的暑假有关，事实上也与另一个更为重要的问题有关。因为大约在同一时间，我从对她的分析中得出的资料推论出，在她生命中的某个特定时期一定发生了某些对她的疾病具有重要意义事情。她对此提出异议，因为她完全想不起来，但是很快，事实证明我是对的。因此，她希望“我是错的”这个愿望在梦中转化成了与婆婆一起度假，这符合一个合理的愿望，因为她随后第一次意识到她的愿望可能永远都不会实现。

在没有任何分析，全凭猜测的情况下，我要冒昧地解释一个小插曲，这个插曲发生在我的一位朋友身上，他曾在中学时一直与我同班。一天，他听到我给一小群观众讲述我的新理念，即梦是愿望的满足。他回到家后，梦到他输掉了所有的案子（他是一名律师），于是他因此指责我。我回避了这个争端，只是告诉他一个人不可能赢得他所有的案子。

但是，我自己却认为：“考虑到整整八年间，我都因在班上名列前茅而坐在前排，他则因为成绩平平在中间段随波逐流，他很难不去助长他学生时代遗留的愿望，即某一天我将面临彻底的惨败。”

一位病人还告诉过我一个令人抑郁的梦，并以此来反驳梦满足愿望的理论。

这位病人是一位年轻的女孩，她开始就说道：“你应该还记得，我姐姐现在只剩下一个儿子——卡尔；我跟姐姐一起住的时候，她失去了她的大儿子——奥托。我最喜欢的就是奥托，我多少算是抚养他长大的。我也喜欢她的小儿子，但当然不及对死去的大儿子那般喜欢。于是，昨晚我梦到卡尔的尸体躺在我面前。他双手交叉，躺在一副小棺材里，周围都是蜡烛，那个场景就像奥托去世的时候一样，而奥托的死曾经对我打击很大。你现在告诉我这意味着什么呢？你知道我的。难道我是一个希望姐姐失去她唯一儿子的邪恶之人吗？或者说这个梦意味着，我希望死去的是卡尔，而不是我更加喜欢的奥托？”

我向她保证，后一种解释是毫无可能的。在稍做思考之后，我给了她一个对此梦的正确解释，这个解释后来也得到了她的确认。我能够这么做，是因为我很熟悉做梦者先前的完整经历。

这个女孩很早就成了孤儿，由一个比她大很多的姐姐带大。在拜访过她家的所有朋友中，她对一位男士印象深刻。有一段时间，她看似与这位男士有即将走向婚姻的关系，尽管她绝不承认这点，但是这个幸福的结局却被她姐姐搅黄了，而她姐姐的动机从未得到充分的解释。在关系破裂之后，这位男士再也没有拜访过她们家，于是她便把自己的情感都寄托到了小奥托身上。在奥托去世不久之后，我这位病人自己安顿了下来。然而，她并未成功摆脱对那位男士的迷恋。她的自尊心使得她避开这位男士，但她无法把自己的爱意转移到后来出现的那些追求者身上。每当有消息说，她心爱的对象——一位文学专家——要在某地演讲时，她必定会出现在观众席，她竭尽所能地在一个中间区域远远地看着他。我记得在这位专家要去参加一场音乐会的前一天，她告诉我她也要去，这样便可以再看他一眼。而这件事正好发生在她做梦的前一天，并且在音乐会举办的同一天，她告诉了我她的这个梦。因此，我很容易做出正确的解释。另外，我问过她是否能想起奥托去世之后都发生了什么事情。她立刻回答："当然可以！那位久违的专家来看望我们，我在奥托的棺材旁再次见到了他。"这正是我所期待的答案，于是我如此解释这个梦："如果现在另一个孩子也死了，同样的事情就会再次发生。你会和你姐姐待一整天，而那位专家肯定会来吊唁，于是你可以同上次那样再次见到他。这个梦仅仅代表着你内心所抗拒的愿望，即你想再次见到他。我知道你兜里有一张今天音乐会的门票。你的梦是一个急不可耐的梦：它提前预演了几小时以后你将见到他的场景。"

为了隐藏她的愿望，她显然选择了一个压抑她愿望的情景，在这个情景中，人们太过哀伤，以至于想不到爱情。然而，即便在与梦完全一样的现实情景中，站在她更深爱的小男孩的棺材旁边，她也很有可能抑制不住她对那位久违的访客的柔情。

另一位女病人有着类似的梦，但她的梦却有完全不同的解释。在这位病人年轻的时候，她非常机敏，并且性格开朗。在治疗过程中，她脑海中浮现出的观念中的种种事件也体现出了她的这些性格特点。在一个很长的梦中，这位女士梦到，她看到了她唯一的十五岁女儿横尸在"一个箱子里"。她也想用这个场景来反驳梦是愿望的满足这一理论，尽管她自己也怀疑，"箱子"这个细节应该指向对这个梦的另外一种见解[①]。

在分析的过程中，她想起了在前一天晚上的聚会上，有人谈到，英语单词“box”（盒子）和它的多种德文翻译方式，比如“Schachtel”“Loge”“Kasten”等。

这个梦的另一个部分让我们进一步发现了这位女士当时猜到，英语中的“box”可能跟德语的“Büchse”一词有关，接着她就由于想起一件事而困扰，即德语的“Büchse”在俗语里有女性生殖器的意思。如果我们考虑到，她的解剖学知识有限，那么我们可以因此推测，躺在箱子里的孩子意味着子宫里的胚胎。在领悟到这一点之后，她便不再否认梦中的图像对应着她的一个愿望。如同许多年轻的已婚女子一样，她怀孕的时候一点也没有感到高兴，而且她曾经不止一次地希望，自己子宫里的孩子死掉。事实上，在她与丈夫之间发生了一次愤怒的暴力冲突之后，她曾经用拳头打自己的肚子以击打肚子里的孩子。因此，死去的孩子其实就是一个愿望的满足，但这是一个十五年前就被撇开的愿望。她意识不到这个久经推迟的愿望并不奇怪，毕竟这中间发生了太多变故。

## 第三节

当我考虑“典型”梦境时，我不得不回到最后两个梦

---

① 就如同在那个放弃晚宴的梦中的熏鲑鱼。

例（做梦者梦到她钟爱的亲人死去）所属的这一类梦上。我将用更多的例子展示出所有这样的梦都可以被解释为愿望的满足，即便它们的内容中并没有任何愿望。

以下的梦境并不是一位病人的，它属于我熟识的一位聪慧的法官。他告诉我这个梦，也是为了阻止我轻率地归纳出梦是愿望的满足这一理论。我的这位朋友说："我梦到，我搂着一位女士来到我的房子。一辆关着门的轿车停在我家门前，一个男人向我走了过来，向我出示了他的警察证，并且让我跟他走。我请求他给我点时间让我把我的事情安排妥当。你能假设说我希望被逮捕吗？"

"当然不是，"我只能顺从地回应，"你知道自己被逮捕的罪名吗？"

"是的，我相信是因为杀婴。"

"杀婴？但是你确定你知晓只有母亲对新生儿才能犯下如此罪名吗？"

"我很确定。"①

"你是在什么样的环境下做了这个梦？前一晚发生过什么？"

"我倾向于不告诉你。这件事有点敏感。"

"除非我听到这些东西，否则我们只能放弃解析这个梦了。"

"好吧，听着。我昨晚不在家，而是跟一位对我意义重

---

① 对梦的第一次解释经常是不完整的，那些被忽略的记忆只有在分析的过程中才会浮现出来。这些增加的部分通常可以为梦的解析提供关键线索。参看后文对梦的遗忘的论述。

大的女士在一起，这位女士对我来说很重要。当我们在早上醒来时，我们发生了进一步的关系，之后我又睡着了，然后做了我跟你说的这个梦。”

“她是位已婚妇女吧？”

“是的。”

“而你不希望她生下你的孩子？”

“哦，是，那样我们就完了。”

“所以你没有进行正常的性交？”

“我采取了预防措施，在射精前退出去了。”

“我猜测你昨晚这么做了好几次，而且在早上又这么做了一次之后，你不确定这一次是否成功了。”

“无疑是有这种可能的。”

“因此，你的梦是一个愿望的满足。这个梦给了你一个保证，即你不曾生殖，或者，这等同于说，你杀死了一个孩子。两者之间的联系很容易被指出。你还记得几天之前我们谈论过婚姻的困难，还谈论过非常矛盾的一个现象，即我们不该反对那些不为繁殖的性交，但同时精子和卵子结合以及胚胎成型之后的任何干预都被视为一种犯罪而受到惩罚。我们接着回忆起中世纪的一场争论，即灵魂究竟是在何时进入胚胎的，因为直到这场争论之后，人们才开始运用谋杀这一概念。你们无疑都知道勒诺那首令人毛骨悚然的诗，在这首诗中，避孕等同于谋杀一个孩子。”

“奇怪的是，我今早碰巧想起了勒诺的那首诗，似乎挺偶然的。”

“这就是你的梦的回响。现在我可以告诉你，你的梦附带着另一个愿望的满足。你搂着那位女士走到你的房子处，因此，你带她回了家，而不是像现实中那样在她家住了一晚。为什么构成梦的核心的愿望满足被掩饰成了这样一种令人不悦的形式，理由可能不止一个。也许你读过我那篇关于焦虑性神经症病因的论文，我认为体外射精是焦虑性神经症的一个病因。如果你那天晚上在重复几次体外射精之后心情不安，而且这种不安后来成了你构建梦境的一个要素，那么这与我的论文一致。此外，你也利用了这种不安来掩盖你愿望的满足。顺便说一句，你梦中的杀婴行为还没有得到解释。你如何知晓这种特别的女性犯罪的？”

“我必须承认，我多年前曾经卷入了一起这类的事件。有一位女孩试图通过堕胎来避免我们婚外恋所带来的后果，我为此负有责任。她有这样的意图，跟我没有任何关系，但是很长一段时间以来，我都非常紧张，担心事情会败露。”

“我完全能理解。这一段回忆给出了你如此担心自己体外射精失败的第二个理由。”

有一位年轻医生在讲座中听到我描述这个梦时一定曾深受触动，因为他很快做了类似的梦，并且将同样的思维模式运用到了另一个主题上。做梦的前一天，他交了所得税的申报单，由于他几乎没有什么需要去申报，因此他很诚实地填写了申报单。接着，他就梦到，一位参加过税务专员会议的熟人来找他，并告知他，尽管其他的报税单都没有引起反对，他的税单却引起了普遍的怀疑，他将面临巨额罚款。这个梦几乎不加掩饰地满足了他那众所周知的愿望，即成为一名收入颇丰的医生。这个梦让我们想起一个广为流传的故事，人们建议一位女孩不要接受某个追求者，因为他有暴力倾向，而且肯定会在结婚之后打她。“我恨不得他现在已经开始打我了！”女孩回应道。她想结婚的愿望如此强烈，以至于她已经准备好迎接令人不悦的威胁了，甚至把它视为一种愿望。

那些频繁出现的梦似乎与我的理论相冲突，因为这些梦的主要内容是愿望的挫败，或者发生了某些明显不是愿望的事情，这些梦可以被归类为“反愿望之梦”。如果我们把这些梦当作一个整体来考虑，我们就可以将这些梦追溯回两个原则上——尽管其中一个原则不止在人们的梦中，而且也在人们的生活中发挥了很大作用，但我还没有提到过这个原则。带来这类梦的两个动力之一就是希望我错了的这一愿望。在我的治疗过程中，当某位病人处在一种抵制我的状态中时，这类梦常常会出现；而在我向一位病人首次解释我那梦是愿望的满足的理论之后，几乎肯定会激起带来这类梦的动力之一[①]。我们的确可以预料到同样的事情也会发生在本书的某些读者身上：只要他们希望我是错的这一愿望得以满足，那么他们就很可能在梦中创造一个受挫的愿望。

我引用一位正在接受治疗的病人最近的一个梦也可以说明这一点。做梦的这个女孩曾在两个意见中纠结，她自己主张继续接受我的治疗，而她请教的亲戚和权威的意见

① 在过去的几年里，听过我讲课的人多次向我报告类似的“反愿望之梦”，这些梦是对首次了解我那梦境满足愿望的理论的反应。——原注

与她的主张冲突。她自己最终在两方意见中胜出。她梦见她周围的人禁止她继续来找我。然后她提醒了我一个我曾经向她许下的承诺，即如果有必要，我可以免费继续治疗。对此，我回应说：“我无法在金钱问题上做出任何让步。”我们必须承认，在这个例子中指出梦是愿望的满足并不容易。但是，在所有类似的例子中，我们会发现第二个谜题，对这个谜题的解答有助于解答最初的谜题。

她梦中我说出的这些话来源于哪里呢？我当然没有对她说过这样的话，但对她影响最深的一位哥哥，曾经善良地对我做出了此般评价。这个梦就是为了证明她哥哥是对的。她不仅在梦里坚持认为她哥哥是对的，同样的想法主导了她的一生，而这也是她生病的原因。

一位医生做了一个梦，并对此做出了解释，这个梦乍看似乎对梦是愿望的满足这一理论造成了特别的困难，这个梦被奥古斯特·斯特尔克报告道：“我发现我左手食指的末端上有初期梅毒感染的迹象。”除了反愿望的内容之外，这个梦似乎清晰而连贯，这可能会让我们放弃分析。然而，如果我们准备好面对梦中所包含的麻烦，那么我们会发现“初期感染”（Primäraffekt）等同于拉丁文中的“初恋”（prima affectio），用斯特尔克的话说，令人厌恶的溃烂“代表满足充满情感的愿望”。

反愿望之梦的第二个动机太过明显，以至于我们很容易忽视它，我自己就花了很长时间才找到它。很多人的性建构（sexual constitution）中都存在一种受虐的成分，这种受虐性来源于一种被逆转的攻击性，即一种被逆转的施虐成分。那些在性虐中获得这种快感的人，他们的快感并不来自肉体疼痛，而是来自羞辱和心理折磨，这些人可以被称为“心理受虐狂”。我们可以看到，这类人会做反愿望之梦以及不悦的梦，这些梦完全就是在满足愿望，因为这些梦满足了他们的受虐倾向。我要引用一个这样的梦，这个梦属于一个年轻男子，他早年曾经大肆折磨他哥哥，他当时对他哥哥有同性依恋。在他的性格经历了根本性的转变以后，他做了这样一个梦，这个梦有三个部分：一是他哥哥曾经嘲弄他。二是两个成熟男子带着同性恋的目的互相爱抚。三是他哥哥转手了一桩生意，而做梦者一直希望做这桩生意的主管。他从最后这个部分中痛苦地醒来。然而，这是一个带有受虐愿望的梦，并且可以被解释如下：“如果我哥哥真的转掉这桩生意，那么这也是一种对我的惩罚，以补偿我曾经对他的折磨。”

## 第四节

我希望上述梦例足够说明（在提出下一个反驳之前），即便是那些内容令人痛苦的梦也可以被解释为愿望的满足。这些梦的解析每次都反驳了人们讨厌谈论或想到的主题，没有人会认为这是一种巧合。这些梦引起的痛苦无疑等同于一种反感，这种反感（常常成功地）限制我们讨论或提起这些话题，而如果我们发现自己被迫着手这些话题，那么我们不得不克服这种反感。但是，在梦中反复出现的不悦感并不能证明梦中的愿望不存在。每个人都有不愿意向他人透露的愿望，甚至他们自己也不愿意承认这些愿望。另外，我们有理由把梦中这些令人不悦的特点联系到梦的歪曲上。我们有理由得出结论，这些梦是被歪曲的，出于对梦中主题的反感，对源于此主题的愿望的反感，以及想压抑它们的意图，梦中包含的愿望满足被掩饰到了无法辨认的地步。因此，梦的歪曲实际体现为审查机制的一种行为。如果我们将这梦的本质的公式修改为梦是一种（被压抑或压制）愿望的（被掩饰的）满足，那么我们便能够考虑到那些通过分析不悦梦境揭示出的所有内容。

作为拥有令人痛苦内容的梦的一个特殊亚种，焦虑的梦还没有被我们讨论。把这些梦认作是愿望的满足将很难得到人们的共鸣。然而，我在此可以非常简短地讨论一下焦虑的梦。它们并没有向我们呈现梦的问题的一个新层面，这类梦展示给我们的是神经质焦虑的整个问题。只有梦中内容可以明确解释我们在梦中感到的焦虑。如果我们对梦的内容进行分析，我们会发现，梦中内容对梦中焦虑所提供的支持，并不比恐惧症的相关观念对恐惧症带来的焦虑支持的多。举个例子，无疑我们确实有可能从窗户摔下去，因此在窗边保持一定的警惕是合理的。但是，我们不清楚为什么恐惧症会对同样的问题感到如此强烈的焦虑，甚至远远超出了此场合所能带来的焦虑。于是我们可以断言恐惧症和焦虑的梦有着相同的东西，这两种情况中的焦虑只是在表面上附在与之相伴的观念上，但其实这些焦虑有着其他来源。

因为在梦中的焦虑和神经症中的焦虑之间存在着这种紧密的联系，所以对前者的讨论必然牵涉后者。我以前曾在一篇探讨焦虑性神经症的短文中主张，神经质焦虑来源于性生活，与力比多相对应，这种性欲偏离了其目的且找不到用武之地。这一准则经受住了时间的考验，它让我们从中推测出，焦虑的梦是带有性内容的梦，这些梦中的力比多转化成了焦虑。稍后将有机会通过分析一些神经症患者的梦来支持这一主张。当然，在进一步尝试得出梦理论的过程中，我将有机会再次讨论焦虑的梦的决定因素及其与愿望实现理论的兼容性。

# 第 五 章

# 梦中的性

# 第一节

越是关注对梦的解释，越是能认识到大多数成人的梦都跟性的素材有关，并且旨在表达情色愿望。只有那些真正分析过梦的人，也就是说那些穿过显梦到达其背后隐藏梦思的人，才能做出如此判断，而那些只记录显梦就满足的人是不行的（比如内克论述性梦的著作）。我要说，这个事实一点也不令人意外，反而与我对梦的解释原则完全一致。没有任何本能像性本能和它的无数组成部分一样，自童年期起就受到如此强烈的压制（参看我的《性学三论》）；也没有任何本能可以像性本能这样，留下如此众多而强烈的无意识愿望，这些愿望随时准备在睡眠状态下产生梦境。在释梦过程中，我们永远都不该忘记这些性情结的重要性，尽管我们也应该避免夸大性情结是唯一重要的东西。

我们可以断言，如果仔细地解释许多梦，那么这些梦都是双性恋的，因为它们都毫无疑问地容许一种“过度解释”，即梦者的同性恋冲动——与他正常的性活动相反的冲动——被实现了。然而，我并不准备支持施特科和阿德勒等人的主张，即所有的梦都可以被解释成是双性恋的，这一主张在我看来是一种既无法证实，又不合理的概括。我尤其不能忽视一个明显的事实，即除了最广义上的性欲，许多梦都满足了其他需要：饥饿或口渴的梦、便利之梦等。因此，同样的，“每一个梦的背后都可以找到死亡的幽灵”（施特科）或“每一个梦都展现了从女性到男性的进化”

（阿德勒），这样的说法在我看来都超出了梦的解析的合理范围。

“所有的梦都需要从性的角度解释”，这一说法引致批评家们不间断的愤怒，但是在我的《梦的解析》中是没有这个说法的。本书的各种版本中都不会有这一说法，而且这一说法明显与本书表达的观点相矛盾。

我已经在其他地方指出，那些极其纯真的梦也可能蕴含着粗俗的情色愿望，我可以用许多新的例子来证明这一点。但是，也确有许多看似平淡，各方面都没什么特别的梦经过分析后，被认为无疑蕴含着性冲动或出乎意料的愿望冲动。举个例子，以下这个梦在经过解释之前，谁会怀疑其中有性愿望呢？梦者是这样讲述的：一栋关着门的小房子坐落在两座庄严宫殿的后面。我妻子带着我沿街走到那所小房子前并推开了门；然后，我快速并轻松地溜进了倾斜的宅邸中。任何有释梦经验的人都会立刻想到，穿入一个狭小的空间、打开一扇紧闭的门，这都是最常见的性符号。在此梦中，这些性符号很容易被认为代表了后入式性交（女性两瓣庄严的臀部之间）。当然，倾斜的通道代表着阴道。梦中妻子的帮助能够让我们得出结论，在现实中，正是考虑到妻子，梦者才没有试图做出这样的事情。原来是在做梦的那天，一位女孩住进了做梦者家里，她吸引了做梦者，并且给了他一个印象，即她不会反对梦者做这样的事情。两座宫殿之间的小房子有关一段他对布拉格城堡广场的回忆，这段回忆同样涉及那位女孩，因为她正是来自那里。

当我向一位病人强调俄狄浦斯式的梦出现得多么频繁时，这位病人回应说："我不记得我做过这种梦。"然而很快，病人想起他经常做一些平淡且毫不起眼的梦。于是分析显示出，这些内容相同的梦依旧是俄狄浦斯式的梦。我可以肯定地说，那些掩饰的梦比那些直白的梦出现得加倍频繁。①

---

① 在俄狄浦斯传说以及其他神话中，失明代表着阉割。塔尔金人（Tarquins）的神谕预言了第一个亲吻母亲的人将征服罗马。布鲁图斯（Brutus）将母亲解释为大地母亲。它类似于希罗多德（Herodotus）所报告的希庇亚斯（Hippias）之梦："在波斯人看来，他们是被庇西特拉图（Pisistratus）之子希庇亚斯引到希腊的马拉松镇（Marathon）的。希庇亚斯在前一晚的睡梦中看到一个幻象，即他和他母亲躺在一起。他将这个梦解释为，他应该回到雅典，夺回权力，并在母国终老。"这些神话及其解释都揭示了一种真正的心理学洞见。我发现，那些知道自己被母亲偏爱的人，在生活中都非常自立，并且有着不可动摇的乐观态度，这些英雄般的品质能给他们带来实际的成功。还有一个典型的被伪装的俄狄浦斯式梦例：一位男子梦到与一位女士有地下情，而这位女士是另一个男人想要迎娶的对象。他担心那个男人知道这段地下情后取消求婚，因此他对那个男人表现得满怀深情。他拥抱了那个男人，并亲吻了他。这个梦的内容与做梦者的生活之间只有一个连接点。做梦者曾经确与一位已婚女子有地下情，而那位女子的丈夫正是做梦者的朋友，朋友模棱两可的一句话让做梦者怀疑朋友已经注意到了什么。但是在现实中，这件事还掺杂着在梦中没有得到体现的其他东西，它们为我们的解释提供了关键线索。情妇的丈夫身患一种器质性疾病，她已经为丈夫的猝死做好了准备。而做梦者有意识地打算在她丈夫死后娶这位年轻的寡妇。这个外在情况将做梦者置于一个俄狄浦斯式梦的整体布局中。他的愿望就是杀死那个男人，从而娶那个女人为妻。这个梦以一种虚伪的歪曲形式表达了这个愿望，情妇并非已婚，做梦者在梦中声称她只是有个未婚对象而已，这对应了做梦者内心深处的意图。而做梦者对情妇丈夫的敌意则隐藏在他的深情背后，这源于做梦者童年记忆中与父亲的关系。

# 第二节

在一些有关风景或地点的梦中，被强调的重点是曾经去那些地方时的感觉。（梦中出现的“似曾相识感”具有特殊意义。）这些地方一贯代表着做梦者母亲的生殖器，因为除了母亲的生殖器之外，一个人不可能如此深信不疑地断言说他曾经去过某个地方。

很多梦都伴随着焦虑，且有着穿过狭窄空间或在水中的内容，这些梦都基于对在子宫内生活和生育行为的幻想。以下是一个年轻男人的梦，在他的想象中，他利用了在子宫内生活的机会来观看父母性生活。

> 他在一个带有窗户的隧道深处，那扇窗户就像赛默林隧道里的一样。一开始，他透过窗户看到一片空白，接着他创造了一幅适于这个空间的图像，这幅图像立即出现并填补了空白。它描绘了一片田地，某些农具在深耕这片田地。这一场景伴随着新鲜的空气、努力工作的想法、蓝黑色的泥土，这一切都制造了一种令人舒心的印象。接着他继续往前走，看到面前有一本被翻开的教育书籍……令他惊讶的是，这本书如此关注儿童的性感受，这让他想起了我。

下文是一位女病人做的一个漂亮的含水之梦，这个梦在治疗中起到了特殊作用。她梦见在她的临湖避暑胜地……苍白的月亮倒映在黑暗的水面上，她跳进了水里。

这些梦都是生育之梦，通过颠倒显梦中出现的事件可以获得这些梦的解释。因此，“跳入水中”可以颠倒成“从水中出来”，即出生。我们可以通过回忆法语中“月亮”（lune）[①]一词的俚语用法来发现孩子的出生地。因此，苍白的月亮代表着臀部，儿童很快能猜出自己是从那里出来的。我问她，她希望在她的避暑胜地出生意味着什么？她毫不迟疑地回答道：“这不就像是我通过治疗获得了新生？”因此，这个梦意味着，她邀请我去她的避暑胜地继续给她治疗，也就是说去那里拜访她。或许，梦中还藏有一个非常羞怯的愿望，即病人自己也想成为一位母亲。[②]

我想要引用另一个生育之梦，以及欧内斯特·琼斯在一篇文章中对其的解释。这个梦是这样的：她站在海滩上，看着一个像是她儿子的小男孩在涉水，直到水淹没了他，她只能看到男孩的头在水面上忽沉忽浮。接着这个场景变成了一个人头攒动的酒店大厅。她丈夫离开了她，她还与一个陌生人“展开了对话”。经过分析，此梦的后半部分意为她逃离了自己的丈夫，并与第三者展开了亲密关系……

---

① 法语的“lune”意为“月亮”，俚语中也指代“屁股”。

② 不久之前，我才认识到那些关于在子宫中生活的幻想和无意识想法的重要性。这些幻想和想法包含了人们极度恐惧被活埋的心理，而且它们也为死后生存的信念提供了最深层的无意识基础，即死后生活只是将出生前的神秘生活投射到未来的产物。此外，出生行为是对焦虑的初次体验，因此也是焦虑影响的来源和原型。——原注

而此梦的前半部分则是一个相当明显的生育幻想。梦就如同神话，孩子从羊水中出生通常被歪曲地表现为孩子进入水中。许多其他的神话，比如阿多尼斯、奥西里斯、摩西、巴克斯的出生，都是这一点的著名例证。水面上忽沉忽浮的头让这位病人想起她仅有的一次怀孕时首次胎动的感觉。“男孩下水”让她产生了遐想，即她把男孩从水中救出来，带他去找保育员，给他洗澡换衣服，最后让男孩住在她家里。

“因此，此梦的后半段体现了前半段隐梦中有关私奔的想法，梦的前半段则对应着隐梦的后半段，即生育幻想。除了顺序的颠倒之外，梦的每个半段中也有其他颠倒。在前半段中，孩子进入水中，于是他的头浮在水面；而在隐藏的梦思中，先发生了胎动，然后孩子从水中出来（双重颠倒）。在梦的后半段，丈夫离开了她；而在隐藏的梦思中，是她离开了丈夫。”

亚伯拉罕曾经报告过另一个生育之梦，这个梦出自一位年轻的女士，她当时正面临着她人生中的第一次监禁。“她房间地板某处的一条地下管道直通到水里（生殖器与羊水间的通道）。她打开地板上的天窗，一只很像海豹的、棕色毛皮的生物立刻出现了。这只生物遂变成了她的弟弟，而她一直如母亲般地对待这个弟弟。”

兰克借助一系列梦展示出，生育之梦和那些带有泌尿刺激的梦都运用了同样的象征手法。在后者中，情色刺激被表现为了泌尿刺激，这些梦中的意义分层对应着自婴儿期开始，象征意义的一种变化。

此处恰好让我们回到在前一章中中断的话题上[①]：在梦的形成中，扰乱睡眠的躯体刺激所扮演的角色。受这些刺激影响的梦，不仅公然表现出满足愿望的样子，为了便于为目的服务，还常常展现出显而易见的象征意义。这是因为，很常见的一种情况是，当一个刺激试图在梦中得到象征性伪装却徒劳无功时，这个刺激就会唤醒做梦者。这一点不仅适用于遗精和性高潮之梦，也适用于排尿和排便之梦。“遗精之梦的特质让我们直接发现了某些性符号，这些符号虽已是众所周知的典型，但从未受到激烈的反驳。此类梦还使我们确信，梦中某些看似纯洁的场景，只是些粗俗性场景的象征性序幕。在相对少见的遗精之梦中，这些性场景总是会毫无遮掩地出现，但在焦虑梦中，这些性场景通常会达到高潮，使得做梦者醒来。”

带有泌尿刺激的梦的象征意义是显而易见的，这些意义在最早的时候便可被识别出来。希波克拉底曾经表达过这样的观点，即梦中的喷泉或泉水代表着膀胱的紊乱（哈维洛克·艾利斯）。谢尔纳在研究了象征泌尿刺激的多种符号后认为：“任何具有一定强度的泌尿刺激，无一例外地会变成性区域的刺激，或变成性区域刺激的象征性表达。带有泌尿刺激的梦通常同时也代表着性梦。”

奥托·兰克在他的文章中也讨论了我在此讨论的议题——性唤起之梦中的符号分层，他的讨论让一个论点变

---

① 主要内容为：“身体上知觉属于躯体刺激，可以控制梦的内容，把合适于自身的素材强加给梦思，让梦思将其表现在梦的内容中。”“强度不大的躯体刺激提供的梦中内容无法出现在每个梦中。”

得大有可能，即许多带有泌尿刺激的梦实际上都是由性刺激引起的，性刺激首先试图通过退行成婴儿式的尿道快感来获得满足。这些论据颇具启发性，泌尿刺激致使膀胱觉醒并排空，但是梦仍要继续，于是性需求通过不加掩饰的情色意象[①]得到表达。

带有肠道刺激的梦以类似的方式揭示了其中包含的象征意义，并同时确证了黄金和粪便之间的关系，这种关系得到大量社会人类学证据的支持。比方说，一位因为肠道疾病而接受治疗的女性，曾经梦到某人将财宝埋到一间小木屋附近，这间木屋看起来像是乡下的室外厕所。而这个梦的第二个部分是，这位女性正在给她的小女儿擦屁股。

拯救之梦则与生育之梦相联系。在女人的梦中，拯救，尤其是从水中拯救意味着分娩。如果做梦者是个男人，那么其意义也有所不同。

## 第三节

有些人会因为害怕强盗、入室窃贼和鬼魂而无法入睡，而且这些令他们害怕的东西有时候会在睡着之后继续缠着

---

① “在泌尿之梦中具有早期外观的符号，其‘最近’的外观都具有明显的性意义：水 = 尿 = 精液 = 羊水；小便（排尿）= 子宫（盒子）；湿了 = 尿失禁 = 性交 = 怀孕；游泳 = 膀胱胀满 = 胎儿居所；雨水 = 排尿 = 繁殖；旅行（开始、出发）= 起床 = 性交（蜜月）；排尿 = 射精。”（兰克）——原注

他们，其实这些东西都源于幼儿的同一类回忆。强盗、入室窃贼和鬼魂皆是夜间访客，他们会弄醒孩子们，避免他们尿床，或掀起被单以确认孩子们的手放在哪里。对这些焦虑的梦的分析能够让我们更准确地识别这些夜间访客。在所有梦例中，强盗都代表做梦者的父亲，而鬼魂则对应着穿白色睡袍的女性形象。

不断增加的精神分析经验让我们注意到，病人们对梦的象征意义的直接理解达到了令人惊讶的程度。这些病人通常患有早发性痴呆，因此人们一度倾向于认为每个能理解梦的象征意义的做梦者都患有这种疾病。但是，事实并非如此。这只是一个关于个人天赋或特性的问题，没有明显的病理意义。

当我们熟悉了梦为了表现性素材而使用的大量象征手法时，我们必然会提出一个问题——许多符号是否永远有固定的含义，就像速记法所运用的“简单记号”那样，那么我们会不禁想用解码原则来编纂一本新的“梦书”。在这一点上，可以说这些象征意义并非梦所特有，而是无意识观念的特征，尤其是在人们中间，而且这些象征意义可以在民俗、神话、传说、习语、谚语和当下的玩笑中找到，它们的象征意义比梦中的更加完整。

因此，如果我们要公正地对待符号的意义，并讨论符号概念所附带的众多在很大程度上仍未解决的问题，那么我们将远远超出释梦的范围。我们在此必须限制地说明，用符号表达是间接表达的方式之一。但是，各种迹象警告我们，如果我们无法形成对于不同的间接表达法的清晰概念，就不要将符号表达与其他形式的间接表达混为一谈。在许多情况下，符号和它所代表的东西之间的共通要素是显而易见的；在另一些情况下，共通要素则是隐藏的，符号的选择令人困惑。只有后种情况才能揭示符号关系的最终意义，并且这种情况表明符号具有一种遗传特性。今天通过符号联系在一起的东西，在史前时代就通过概念和语言认同联结起来了。符号关系似乎是早期认同的遗迹和标志。我们可以观察到，在许多情况下，通用符号的使用范围比通用语言的使用范围更广，正如舒伯特指出的那样。许多符号像语言一样古老，而另一些符号（例如“飞艇”“齐柏林飞艇”）则直到现在才被创造出来。

梦利用符号来变相表达潜在的梦思。顺便说一句，许多符号被习惯性地或近乎习惯性地用来表达相同的东西。然而，我们决不能忘记精神素材特殊的可塑性。通常情况下，一个符号必须被解读为其自身特有的意义，而非其象征意义；在另一些情况下，做梦者可能从他的私人记忆中获得将各种少见被用于象征的事物用来象征的能力。如果梦者可以在几个符号之间进行选择，他会选择那些与他思想中的象征对象的素材相关联的符号，也就是说，除了典型的符号外，他的选择也出于个人原因。

尽管在谢尔纳时代以后的研究让我们不可能再质疑梦的象征意义的存在，甚至哈弗洛克·埃利斯也承认，我们的梦无疑充满了象征意义；然而，我们必须承认，梦中存在的符号虽然为梦的解析提供了便利，但也使其变得更加困难。一般来说，根据梦者的自由联想来解梦这一技巧会让我们在涉及梦中的符号元素时陷入困境。科学批判禁止我们回到释梦者武断的判断上，即古代所使用的判断，这种判断被施特科鲁莽地还原了。因此，在处理那些必须被看作有象征意义的梦中要素时，我们不得不采用一种组合技巧，这种技巧一方面依赖于做梦者的联想，另一方面填补了释梦者对符号的认知空白。

为了消除武断释梦的指控，我们必须把解释符号的谨慎和对梦中符号的仔细研究结合在一起（后者能够清晰地呈现这些符号在梦中的运用）。作为释梦者，我们的工作中仍然存在不确定性。一部分原因是我们的知识并不完整，但随着我们的进步，这些知识可以逐渐得到补充；另一部分原因是梦中符号本身的某些特征，它们往往有不止一个意思，正确的解释必须依赖于语境，就像理解汉字文稿一样。符号的模糊性与梦容许“过度解释”的特性有关，因为一些本质上千差万别的思想和愿望可以在梦中被单一内容所表达。

在这些限制下，我现在继续论述。皇帝和皇后（或国王和王后）通常代表做梦者的父母，王子或公主代表做梦者自己。但是，伟人也享有最高权威，就像皇帝那样，因此，歌德在一些人的梦中象征着父亲。所有细长的物体，如棍子、树干和雨伞（撑开雨伞类似于勃起）可能代表男性生殖器。所有长而锋利的武器，如刀、匕首和长矛也是如此。另一个常见但不那么容易理解的象征男性生殖器的符号是指甲锉，可能是因为它可以上下摩擦。

盒子、罩子、箱子、橱柜和烤箱则代表子宫，各种空心物体如船只、液体容器也是如此。

房间在梦中通常象征着女性（“Frauenzimmer”在德语中意为女人或闺房），如果进出房间的不同方式在梦中得到表现，那么这种解释几乎是毫无疑问的[①]。基于这种联系，很容易理解人们为何会对房间是否锁着感兴趣。我们不用明确命名打开房间的那把钥匙，在埃伯斯坦伯爵的民谣中，乌兰德用象征锁和钥匙的符号构建了一段令人着迷的色情故事。

若梦到穿过一系列的房间，这便是一则妓院或后宫式的梦。但是，正如沙赫用一些巧妙的例子所表明的，这种梦也可以（通过相反的方式）用来代表婚姻。

当梦者把一个房间梦见成两个时，或者当他梦到一个熟悉的房间在梦中被分成两个时，我们便能发现童年时期性研究相关的有趣联系，反之亦然。在童年时期，我们会把女性的生殖器和肛门视为同一个部位，即“下体”；直到后来我们才发现人体的这一区域包括两个独立的腔和孔洞。

台阶、梯子、楼梯，或（视情况而定）上下楼梯，均

① 我的一位病人曾经住在短租公寓里，梦到自己遇到了一位女佣，并寻问女佣的号码是多少。女佣令他吃惊地答道：“十四。”事实上，这位病人曾经与这个女孩有染，并且为了去她的卧室数次付钱给她。女孩自然担心这会引起房东太太的怀疑，因此在做梦的前一天，女孩提议他们应该去一个没人的房间见面。这个房间的号码其实就是“十四号”，而在梦中，那个女人自己就是这个号码。几乎不可能想象出一个更清晰的证据来证明女人和房间之间的等同了。——原注

代表着性行为[①]。

梦到翻过屋外光滑的墙壁，然后（往往极度焦虑地）俯身而下，这对应着直立挺拔的人体，这很可能是婴儿爬上父母或看护的记忆在梦中的重复。“光滑”的墙壁代表着男人，做梦者出于恐惧常常抓住屋外的“凸起”。桌子、餐桌、木板则代表女性，这无疑与实际情况对立，因为她们的身体轮廓在符号中被消除了。从语言联系上看，“木头”似乎通常代表女性的“身体”。“马德拉”群岛在葡萄牙语中的意思是“木头”。由于“bed and board”代表婚姻[②]，因此梦中出现的餐桌总是代表着床，有关性情结的思想也会转移到饮食情结上来。

至于衣物，女人的帽子往往可以肯定地被解释为女性生

---

① 我在此要重复我在其他地方写过的内容：“不久之前我听到，一位跟我们有着不同观点的精神分析学家说，总而言之，我们无疑夸大了梦中所隐含的性意味：他做的最常见的梦就是上楼梯的梦，但这些梦完全没有任何性的内容。这一异议使我们警觉起来，并开始把注意力转向梦中的台阶、楼梯、梯子的外观，我们很快就证明了楼梯（和类似的东西）无疑是象征性交的符号。要发现这种类比的依据并不困难：我们气喘吁吁地在一系列有节奏的动作中到达顶端（top，也可译为高潮——译者注），然后只需要快速跳几步，便可以再次到达底部（bottom，也可译为下体——译者注）。因此，性交的有节奏的动作在上楼梯这一行为中被重现了。另外，我们也不能忽略语言用法给我们的证据，语言向我们展现：‘登上’（即德语中的‘steigen’）等同为性行为。我们称男人为‘攀登者’（steiger）和‘追逐者’（nachsteigen）（即‘追上’，字面意思为‘爬上’）。在法语中，楼梯上的台阶被称作‘攀登’（marches），‘寻欢作乐者’（un vieux marcheur）的意思和我们德语中‘老流氓’（ein alt Steiger）的意思一样。”——原注

② “bed and board”字面意思即餐桌和床。

殖器，而且，还可以被解释为男性生殖器。大衣也是如此，尽管我们还不清楚，这个符号在多大程度上源于谐音。在男人的梦中，领带是一个象征着阴茎的符号。无疑，这不仅是因为领带很长、是男人特有的附属品，还因为领带可以根据个人的品味进行挑选，但就其所代表的阴茎而言，这种挑选的自由是被自然所禁止的。在梦中使用这个符号的男人，现实中往往在领带方面十分奢侈，而且收藏了各种领带。

梦中所有复杂的机械和装置很可能象征着生殖器（通常是男性生殖器），在描述生殖器方面，梦就像“创作搞笑段子”一样不知疲倦地创作象征符号。毫无疑问，所有的武器和工具都是象征男性生殖器的符号，例如犁、锤子、步枪、左轮手枪、匕首、军刀等。同样，梦中的许多景色，特别是任何包含桥梁或树木葱茏的山的景色，都可以被明确理解为对生殖器的描述。

马西诺斯基出版了一本梦境集，许多梦者在其中用绘画的形式描绘了梦中表现的风景和地点。这些图画非常清楚地指明了梦的显在意义和潜在意义之间的区别。然而，在那些纯真的人看来，显梦是平面图、地图等等，但我们仔细观察就会发现，它们代表着人体、生殖器等，只有这样梦才变得可以理解。同样的，对于精神病患创造的新词汇，我们也应考虑它们是否由含有性意味的成分组合而成。

梦中的儿童经常代表着生殖器，事实上，男人和女人都有把自己的生殖器亲切地称为“小家伙”的习惯。施特科认为梦中的“小弟弟”代表阴茎，这一点是正确的。在梦中和儿童玩耍、打他们等等，常常代表手淫。为了用符号象征阉割，梦的工作利用了秃顶、理发、掉牙和斩首。如果某个代表阴茎的普通符号在梦中出现的次数变成了两倍或者多倍，我们可以认为那是对阉割的一种防御。梦中出现的蜥蜴也有同样的意义。因为如果蜥蜴的尾巴断了，它们会重新长出一根尾巴（参见蜥蜴之梦[①]）。很多在神话和民俗中用来象征生殖器的动物在梦中也扮演着同样的角色，例如鱼、蜗牛、猫和老鼠（因为阴毛），其中最重要的是象征男性生殖器的蛇。小动物和害虫则代表小孩，例如不招人喜欢的兄弟姐妹。被害虫困扰通常代表着怀孕。值得一提的是，男性生殖器在梦中有一个相当新颖的符号，即飞艇，因为生殖器与飞行的联系以及生殖器与飞艇的形似，如此象征是合理的。

施特科提出了许多其他的象征符号，并附有例证，但这些符号尚未得到充分的验证。施特科的文章，尤其是他的著作《梦的语言》中对符号进行了最为全面的解释。其中许多解释都体现出一种洞察力，而且进一步的检视能证明这些解释的正确性，比如关于象征死亡的章节。但是，这位作者缺乏批判思维，而且他不惜代价的归纳总结使他自己的其他解释受到质疑，并将这些解释置于无用之地。所以，在接受他的结论时应当谨慎行事。因此，我在此仅提及几个他的发现。

---

① 主要内容为：德尔博夫梦见他救了两只冻僵的蜥蜴，并给了它们一些蕨类植物的叶子。后来，他看见无数条蜥蜴布满了整条道路。现实中，德尔博夫并不熟知蕨类植物的名字，而他梦中出现的清晰的植物名称来自多年前他曾帮朋友抄写植物名牌的经历，还有他曾订阅过的期刊。

根据施特科的说法，梦中的“右”和“左”具有伦理意义。右手边代表正义，左手边代表犯罪。因此，从个人的主观道德立场来看，“左”可能代表同性恋、乱伦、性欲倒错，“右”可能代表婚姻等。

亲人们通常在梦中扮演生殖器的角色。我只能说儿子、女儿和妹妹在梦中确实如此——仅限于他们属于“小家伙”这一范畴时。另外，我遇到过一些案例，在这些梦中，“姐妹”毫无疑问地象征着乳房，而“兄弟”则象征着更大的乳房。

施特科解释说，梦中未能赶上马车代表着因无法缩小自己与对象的年龄差距而感到遗憾。

施特科认为梦中旅行时携带的沉重行李象征着背负令人沉重的罪恶。但是准确地说，梦中的行李往往是象征做梦者生殖器的一个明确符号。

施特科还认为，数字具有固定的象征意义，比如那些经常出现在梦中的数字。尽管他的解释在个别情况下往往是看似可信的，但是，这些解释似乎没有得到充分的证实，并且普遍有错。但是无论如何，从多方面都可确证数字“3”是象征男性生殖器的符号。

施特科提出了一个关于生殖器符号的双重意义的概述。他问道：“有没有一种符号（在任何形式的想象里）既不能代表男性也不能代表女性？”无论如何，括号中的句子都削弱了这一断言的确定性，因为实际上我们想象不到所有情况。就我的经验而言，我认为在面对更复杂的事实时，施特科的概述是站不住脚的。除了那些以同等频率象征男性和女性的生殖器的符号外，有一些符号主要或几乎完全指代一个性别，还有一些符号仅有男性或女性的象征意义。因为事实上，想象力不允许用长而硬的物体和武器象征女性生殖器，或者用空心物体（例如盒子、罩子和箱子等）象征男性生殖器。诚然，梦想和无意识的幻想使用双性性符号的倾向背叛了一种古老的特征，因为在儿童时代，两性生殖器之间的区别是未知的，同一种生殖器可以属于两种性别。但是，如果人们忘记了有些梦中存在一种普遍的性别颠倒，男性被表现为女性，反之亦然，那么我们就有可能误认为某个性符号是双性的。这类梦，举个例子，表达了一个女人想成为男人的愿望。

身体的其他部位也可以在梦中代表生殖器：男性生殖器由手或脚代表，女性生殖器的开口由嘴或一只耳朵，甚至一只眼睛代表。人体的分泌物——黏液、眼泪、尿液、精液等——可以在梦中相互替代。施特科的最后一个主张总体而言是正确的，而莱特勒公正地批判了这一主张，他认为这一主张需要加上一些限制：实际情况是重要的分泌物，如精液，被无关紧要的分泌物替代了。

我希望这些并不完善的线索，能够激励他人对这一主题继续进行更艰苦的概论性研究[①]。我曾试图在《精神分析引论》中对梦的象征意义进行更为详细的论述。

现在，我要补充几个在梦中使用这些符号的例子以说明如果我们拒绝接纳梦的象征意义，就不可能对梦进行解

① 尽管舍尔纳对梦的象征意义的观点可能与本书不同，但我必须要坚持说，他应当被视为梦的象征意义的真正发现者。——原注

释。在许多情况下，我们除了接受梦的象征意义别无他法。然而与此同时，我要发出警告，即不要高估符号在解梦时的重要性，不要把梦的解析工作局限于对符号的翻译，也不要放弃利用梦者的联想的技巧。这两种释梦技巧必须相辅相成，但在实践和理论上，我所描述的解梦过程仍然占据首要地位，因为这个过程给予做梦者的意见决定性的意义，而正如我解释过的那样，对符号的翻译也是我们可以使用的一种辅助方法。

## 一、象征男人（或男性生殖器）的帽子

摘自一名由于害怕被诱奸，因而患有旷场恐惧症（agoraphobia）的年轻女子的梦境：

> 夏天的时候，我戴着一顶形状奇特的草帽走在街上，它的中间部分向上弯曲，侧边则下垂（描述时显得犹豫不决），一边垂得比另一边更低。我心情愉快，充满自信。在经过一群年轻军官时我想：你们谁也伤害不了我！

由于在现实中没有发生什么与她梦中帽子相关的事，因此我说："毫无疑问，这顶帽子象征着男性生殖器，中间部分翘起来，两个侧边垂了下来。"帽子等同于一个男人，这可能看起来很奇怪，但你记得那句话："找个丈夫吧（Unter die Haube kommen，字面意思为"到帽子下面来吧"）。我故意没有向她解释帽子两个侧边下垂程度并不相等这一细节，尽管这类细节往往能决定解释的方向。我

接着说，因为她有一个生殖器良好的丈夫，所以她没有必要害怕军官，也就是说，她不用渴望从军官那里得到什么。这么说是因为她总是有受到勾引的幻想，所以她通常会避免在无人保护或无人陪同的情况下上街。基于其他素材，我已经好几次对她的焦虑做出了上述解释。

最令人注意的是做梦者对这一素材的反应。她撤回了对帽子的描述，并坚称她从未说过两个侧边垂了下来。我非常确信我刚刚没有听错，因此我没有误入歧途，而是坚持己见。她沉默了一会儿，然后鼓起勇气问道，她丈夫的一个睾丸比另一个垂得更低是怎么回事，是不是其他男人也是这样的。于是，这顶帽子奇异的细节被她解释清楚了，而她也接受了这个解释。

这位病人告诉我这个梦时，我早已熟悉了帽子这一符号的意义。而另一些更加模糊的梦例使我假设，帽子也可以代表女性生殖器[①]。

## 二、“小家伙”象征生殖器，“被碾压”象征性交

那位患有旷场恐惧症病人的另一个梦：

> 病人的母亲把病人的小女儿送走了，所以病人只能自己走。然后，她和母亲一起上了火车，看到她的小女儿径直走到铁轨上，肯定会被火车

---

① 参见克尔希格拉伯的一个梦例。在施特科记录的梦中，一顶中间竖着羽毛的帽子象征着一位性无能的男人。——原注

碾。她遂听到了小女儿骨头碎裂的声音（这让她产生了一种不舒服的感觉，但并没有真正的恐惧）。她透过车窗环顾四周，想看看是否能看到后面的尸块。然后，她责备了她母亲，因为她让小女儿一个人走。

完整地解释一个梦并不容易。因为这个梦只是梦周期的一部分，只有把这个梦与其他梦联系起来才能完全理解它。在极其孤立的情况下，获得建立符号象征系统所需的素材非常困难。

首先，这位病人认为，火车之旅可以从历史的角度上去解释，这暗示她曾在逃离一家精神疾病疗养院后，与她深爱的疗养院院长一起旅行。后来病人的母亲把她带走了，而那位院长出现在车站，递给她一束花作为临别礼物。令人尴尬的是，她母亲目睹了整个送礼过程。在这一点上，她母亲成了干扰她恋爱的人。事实上，这位严厉的母亲在病人的童年时期也扮演了这样一个角色。

病人的下一个联想与这句话有关："她透过车窗环顾四周，想看看是否能看到后面的尸块。"梦的外表无疑会让人联想到她小女儿被碾压和撕裂后的肢体，但病人的联想却把她引向了完全不同的方向。她回忆起，有一次她在浴室里从后面看到父亲的裸体，接着她谈到了两性的区别，并强调了一个事实，即男人的生殖器从背后看还能看到，但女人的生殖器从背后看是看不到的。通过这个联想，病人自己把"小家伙"解释为生殖器，而她自己的"小家伙"，即她四岁大的女儿，则可以解释为她自己的生殖器。她责备母亲希望她过得像没有生殖器一样，并指出梦开头的那句话也表达了同样的责备：“病人的母亲把病人的小女儿送走了，所以她只能自己走。”在病人想象中，“自己走上街”意味着没有男人，没有任何性关系［在拉丁文中，“性交”（coire）的字面意思是“与人同行”］，而她不喜欢这样。她所有的叙述都表明，在她小时候，由于父亲对她的偏爱，母亲曾妒忌她。

对此梦的更深层解释体现在当晚的另一个梦中，在这个梦中，做梦者将自己认同成她哥哥。实际上，这位病人一直都是个假小子，她经常听到别人说她应该是个男孩。梦中她与她哥哥的一致化十分清楚地表明，“小家伙”指的是生殖器。病人的母亲曾用阉割来威胁他（或她），这是对她玩弄“阴茎”的惩罚。因此，这种认同也证明了病人童年时曾手淫过，但她只记得她哥哥小时候曾经手淫过。第二个梦所提供的信息表明，这位病人一定是在小的时候就了解了男性生殖器，但后来又忘记了。此外，第二个梦也暗示了一种儿童性理论，即女孩就是被阉割后的男孩。当我暗示她曾在童年时期有此信念时，这位病人确证了这个事实，她告诉我她曾经听到过一件轶事，即一个小男孩问一个小女孩：“你的生殖器被切掉了？”小女孩回答：“不，一直都是这样的。”

因此，在第一个梦中，把小家伙（生殖器）送走也与阉割威胁有关。病人对母亲的抱怨，归根到底是因为母亲没有把她生为男孩。事实上，“被碾压”象征着性交，这一事实在这个梦中并不明显，但这已从很多其他来源那里得到了证实。

## 三、建筑、楼梯和竖井代表生殖器

> 他要和父亲去一个地方散步，那里一定是普拉特公园，因为他看到了“圆顶建筑”，建筑物前方有个附属建筑，上面拴着一只系留气球，尽管这个气球看起来没气了。他的父亲问他，这一切是怎么回事。虽然父亲的询问让他感到惊讶，但他还是向父亲做出了解释。然后他们走进一个院子，院子里铺着一张巨大的锡纸。他的父亲想从中扯下一大块，但他先环顾了四周，为了看看是否有人在看着他。他告诉父亲，你只需先通知工头，然后你就可以毫无顾忌地拿走一些锡纸。这个院子里有一段楼梯通往下方的一口竖井，竖井周围的墙壁是软垫，像是皮制的扶手椅。竖井的底部是一个很长的平台，平台尽头又有另一个竖井……

这位做梦者属于那种治疗前景并不乐观的类型，在到达某一点之前，这类病人对分析几乎毫无阻抗，但从那一点开始，他们变得不易沟通。这位做梦者未经他人的帮助，自己解释了这个梦。他说：“圆顶建筑就是我的生殖器，它前面的系留气球是我的阴茎，因为我抱怨过我阴茎的软弱（即气球没有气）。”更详细地说，我们可以将圆顶建筑理解为屁股（儿童常常认为那是生殖器的一部分），将其前面的附属建筑理解为阴囊。梦者父亲在梦中问他，这一切是怎么回事，也就是在问，生殖器的目的和功能是什么。把情况颠倒过来，把做梦者变成提问者是看似合理的。因为做梦者其实从来没有这样向父亲提问过，所以我们必须把这个梦思视为一种愿望，或者将其视为一个条件句，如："如果我曾请求父亲给我说点性启蒙的事情……"我们立刻能在梦的另一部分中找到这一思想的延续。

我们不能一开始就用符号去理解铺满锡纸的院子。这个场景源自做梦者父亲的经营场所。慎重起见，我用"锡"代替了他父亲实际交易的另一种材料，但是我描述梦的措辞没有做其他改动。这位做梦者已经加入了他父亲的生意，并强烈反对公司为了盈利所依赖的某些可疑做法。因此，我方才对梦思的解释可以如此继续：如果我这么问他，那么他会欺骗我，就像欺骗他的顾客一样。"扯下一块"则代表了他父亲在生意上的不诚实，这位做梦者自己给出了另一种解释，即"扯下一块"代表着手淫。我不仅已经熟知这种解释，而且有一个事实可以证实这一点，那就是手淫的秘密本质被与其相反的东西所表达：手淫可能是公开的。不出所料，手淫活动再次转移到了做梦者父亲身上，正如梦的第一部分中的提问那样。考虑到竖井的软墙，做梦者立即将竖井解释为阴道。我补充说，鉴于我从其他地方获得的认识，向下攀爬同向上攀登一样，其描述的是阴道内的性交。

第一个竖井底部是一个很长的平台，尽头是另一个竖井，做梦者对这一场景给出了传记式的解释。他曾经因为一些抑制而中止了性交，现在他希望能通过这种治疗来恢复性交。然而，这个梦在接近尾声时变得更加模糊，对于那些熟悉这种情况的人而言，另一个主题的影响很可能已经在梦中的第二个场景有所体现，而父亲的生意、他的欺骗行为，还有可以被解释为阴道的竖井都暗示了这种情况：这一切都与做梦者的母亲有关。

## 四、风景代表女性生殖器，人物代表男性生殖器

B. 达特纳报告了一位警察的文盲妻子的梦：

> ……有人闯进了房子，把她吓坏了，于是她叫了一名警察过来。但是，警察在两位流浪汉的陪同下，悄无声息地进了一座需要上很多台阶①才能到达的教堂②。教堂后面有一座小山③，山顶上是一片茂盛的树林④。这位警察戴着头盔，领子上别着黄铜徽章，披着斗篷⑤。他还留着棕色的胡子。那两个流浪汉与警察和平前行，流浪汉们腰间系着麻袋状的围裙⑥。教堂前有一条通向山顶的小路，路边长满了青草和灌木，随着路的延伸，它们越来越茂盛，到山顶时变成了一片规整的树林。

---

① 象征性交。

② 或者说“小教堂”（chapel），象征阴道。

③ 拉丁文“Mons Veneris”意为“维纳斯之山”，也意为女性的阴阜。

④ 象征阴毛。

⑤ 披着斗篷且戴着兜帽的恶魔具有阳具的特点。

⑥ 阴囊的两边。

## 五、儿童的阉割之梦

（1）一天早上，一名三岁零五个月大的男童带着不安和兴奋从梦中醒来，他显然不希望父亲从前线回家。他不停地重复道："爸爸为什么把头放在盘子里？昨晚爸爸把头放在盘子里。"

（2）一名患有严重强迫症的学生记得，他六岁时曾多次梦见：他到理发店理发。一个脸色严肃的大个子女人走到他跟前，把他的头剪了下来。他认出那个女人就是他的母亲。

## 六、排尿之梦

费伦兹在匈牙利的漫画刊物《菲狄步思》上找到一组漫画。他立刻看出这组漫画完全很好地说明了梦的理论。奥托·兰克曾经在一篇论文中提到过这组漫画。

漫画的标题是"一名法国保姆的梦"，但只有最后一幅图才展现出保姆被孩子的尖叫声吵醒。换言之，前面七幅图表现了梦的各个阶段。第一幅图描绘出唤醒睡眠者的各种刺激：小男孩有某种需求需要保姆帮忙解决。但是在保姆的梦里，她带着孩子出门散步了，而不是在卧室里。在第二幅图中，她已经把孩子带到街角让他排尿了，这样一来她自己便能够继续睡觉了。但是，唤醒她的刺激依然存在，而且有所加强。小男孩发现自己失去了关注，因此叫得更大声了。但他越是坚持不懈地想唤醒保姆，梦就越是坚持一切都很好，保姆没有醒来的必要。同时，梦把越来越强的刺激转换为象征符号尺寸的增加。小男孩排出的小便越来越多，水越涨越高。在第四幅图片上，尿量已经足够使小舢板浮起，接着能浮起一艘小舟，然后浮起一艘帆船，最后是邮轮。这位才华横溢的艺术家巧妙地描绘了对睡眠顽固的渴望和对睡梦无尽的刺激之间的斗争。

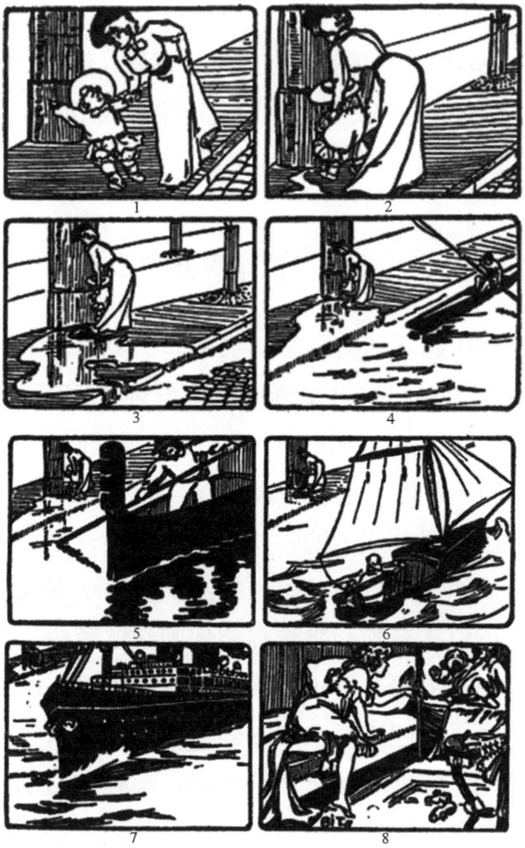


**一名法国保姆的梦**

## 七、楼梯之梦

（此梦由奥拓·兰克报告并解释）

我要感谢一位同事，他曾告诉了我一个有关牙齿刺激的梦，现在他又告诉了我另一个同样清晰易懂的遗精之梦：

> 我冲下楼梯（或者一层公寓），追赶一位小女孩，因为她对我做了某些事，所以我要惩罚她。在楼梯底下，有个人（一位成年女性？）帮我拦住了这个小女孩，于是我捉到了她。我看到在我的左上方挂着两小幅画（也好似浮在空中），描绘了一幢被树木环绕的房子。在较小的那张画的底部，我看到了我的名字，而非画家的署名，好似是送给我的生日礼物。然后我看见两幅画前面有一个标签，上面说还有更便宜的画待售。（然后我发现自己变得很模糊，好像是躺在床上。）然后我带着一种遗精带来的潮湿感醒了过来。

在此梦的前一天晚上，做梦者去过一间书店。他在等待店员招呼时看见了书店里展出的一些画，这些画与他梦中看到的非常相似。为了看画家的名字，他走近了一小幅他很喜欢的画，但是他对此画家一无所知。

也是同一天晚上，做梦者和几位朋友在一起时听到了一个故事，一位波西米亚的女仆吹嘘，自己的私生子是在“楼梯上造出来的”。做梦者询问了这个异常事件的细节，他获知这位女仆把追求者带到父母家里，但在那里根本没有机会性交，于是那个男人兴奋地在楼梯上跟她发生了关系。做梦者对此开了个玩笑，暗指了一个讽刺假酒的表达，说这个孩子其实也是“地下室楼梯上的陈酿”。

梦和做梦前一晚发生的事有如此多的联系，这些联系在梦的内容中得到了保留，且被做梦者轻易复制。但是，他也同样轻而易举地在梦中利用了童年回忆的片段。梦中的楼梯属于一栋宅子，做梦者在那里度过了大部分时光，尤其是他曾经在那里对性问题有了意识。做梦者经常在楼梯上玩耍，其中有一个玩法是，他两脚跨骑在楼梯的扶手上面滑下来，而这带给了他性感觉。而在梦中，他也飞快地从楼梯上滑下来，根据他自己的说法，仿佛他的脚没有落到阶梯上，而是如人们所说地那样从上面“飞了”过去。如果我们考虑到幼儿的经历，那么梦似乎在开始的部分就表达了某种性兴奋。但是，做梦者曾经和邻居家的孩子在这个楼梯或附近楼房的楼梯上带有性意味地嬉戏，而做梦者也用这种方式满足了他的性欲望，如同他在梦中所做的那样。

如果我们记得在对性的象征符号的研究中，梦中的楼梯和上楼梯，几乎无一例外代表着性交，那么上述梦就非常清晰了。这个梦的动机——其结果体现的“遗精”——本质上是纯粹的力比多。做梦者的性兴奋在睡眠中被唤醒了——在梦中体现为做梦者冲下楼梯。至此，这个梦仅在象征“性”，对于经验不足的释梦者而言，这个梦很难理解。但是，从性兴奋的强度来看，此种符号式的象征并不足以让病人安眠，于是这种兴奋最终走向了高潮。

此梦清晰地印证了此前的观点，上楼梯之所以能作为一个象征“性”的符号，理由之一在于两者都具有一种节奏特征：因为梦者明确表示，整个梦中定义最明确的元素就是性行为的节奏及其上下运动。

至于那两幅图画，除了它们的现实意义外，我还要补充一句，它们具有“女人或荡妇”的象征意义。梦中有一幅大一些的画，还有一幅小一些的画，就好像一个大一点的（成熟）女人和梦中出现的小女孩。“还有更便宜的画待售”则代表了一种妓女情结；而做梦者的名字出现在较小的那幅画上，以及他觉得那幅画是生日礼物，则暗示着梦者的双亲情结（parental complex）。（“产生于楼梯”=“通过性交产生”）

最后那个模糊的场景，即梦者看到自己躺在床上，有着潮湿的感觉，这一场景可以超越幼儿自慰，追溯到童年，其原型类似于那些因尿床带来快感的场景。

## 八、楼梯之梦的修正版本

我的一位男病人由于严重的神经症而被迫禁欲，他的幻想固定在他母亲身上，并且总是梦到和母亲一起上楼。我曾经跟他说，适当的自慰比他强迫性的自我节制危害小，于是这激起他做了如下的梦：

> 他的钢琴教师谴责他练琴不专心，因为他没有好好弹奏莫谢莱斯的《练习曲》和克莱门蒂的《朝圣进阶》。

他的评论指出，“阶”也就是“阶梯”，而键盘本身就是楼梯，因为它包含着音阶。

我们完全可以说，任何观念都可以代表性行为和性愿望。

## 九、现实感以及重复的表现

一个现今三十五岁的男人报告了一个他在四岁时做的梦，这个梦他记得非常清楚。一位负责处理他父亲（做梦者的父亲在他三岁时就去世了）遗嘱的律师带来了两只大梨子。做梦者吃了一只，把另一只放在客厅的窗台上。做梦者醒来后，确信他梦到的就是现实，并且固执地问母亲要第二个梨子，他坚信这个梨子就在窗台上。他母亲因此而取笑了他。

这位律师是一位热情的老绅士，在做梦者的记忆里，他确实给做梦者带过几只梨子。做梦者家的窗台也如梦中所见的一样。除此之外，做梦者的现实生活里没有发生任何与此梦相关的事，除了不久前母亲曾经告诉过他的一个梦。母亲梦到，她头上落了两只鸟，母亲问它们什么时候会飞走，但是鸟儿没有飞走，其中一只飞到她嘴巴上，吮吸她的嘴。

做梦者失败的联想给了我们利用符号来进行解释的权力。两只梨——代表着做梦者母亲曾哺育过他的胸部；窗台则是母亲怀抱的投射，如同梦中房屋的阳台。做梦者醒来之后的现实感是很合理的，因为他母亲曾经真的哺育过他。“曾经”在梦中体现为做梦者吃掉了一只梨子，“再次”体现为他对另外一只梨的渴望。一个行为在时间上的重复常常在梦中体现为一个物品在数量上的增加。

当然，最值得注意的是，这个符号在做梦者四岁时做的梦中就已经出现了。但是，这并非例外情况，而是常见情况。我们完全可以说，做梦者们一开始就能任意支配象征符号。只需要做梦者的些许协助，那些精心挑选的符号就能得到解释。

## 十、正常人梦中的符号问题

反对精神分析的人常常提出一个反驳，这一反驳最近被哈维洛克·埃利斯表达了出来，他主张，尽管梦的象征符号可能是神经质思想的产物，但是正常人那里是不存在这些符号的。精神分析研究发现正常人和神经症患者之间，并无根本的差别，只是在程度上有所差异。确实，对梦的分析表明，无论是在机制上还是在象征意义上，被压抑的情结对健康人和病人的作用都相同。相较于神经症患者的梦，健康人的那些单纯梦境通常包含着更简单、更鲜明、更具象征意义的特征；而在神经症患者的梦中，由于审查机制的力度更大，梦的歪曲作用更加深远，因此梦的象征意义变得更加晦涩且难以解释。下文记录的梦有助于阐明这一事实。这是一位女孩的梦境，她并非神经症病人，只是性格过分保守和正经。在和她的交谈中，我发现她已经订婚了，但是结婚过程中出现了一些使得婚礼推迟的困难。

她自言自语地，说了下面这个梦：

“我在桌子中央布置了一些花来庆祝生日。”在回答我的问题时，她说在梦中她似乎在自己家里（她现在已经不住那里了），而且她有种“愉悦感”。

“常见”的符号让我在没有任何帮助的情况下解释了这个梦。这个梦表达了她想当新娘的愿望：中央布置了花的桌子象征着她自己以及她的生殖器，她把这个对未来的愿望表现为一个已经得到满足的愿望，因为她的思想已经被生孩子占据。因此，在梦中她早就已经结婚了。

我向她指出，“桌子中央”是一种不常见的表达（她也承认了），但是我当然不能再就此进一步向她提问。我小心翼翼地避免说到这个符号的意义，而只是问她，对于梦的每一个单独部分，她头脑中有何联想。在分析的过程中，她的保守让位于她对解释的明显兴趣，并且对话的严肃性使她变得开放。

当我问到那是什么花时，她先是回应道：“昂贵的花，要花钱才买得到的花。”接着她又说：“是山谷中的百合、紫罗兰、香石竹或者是康乃馨。”我做出假设，“百合”在梦中通常象征“贞洁”；她肯定了这种假设，因为她从“百合”联想到了“纯净”。在梦中“山谷”常常是象征女性的符号，因此梦结合了这两者名字中的象征意义，以强调她贞洁的可贵。“昂贵的花，要花钱才买得到的花”则表达出，她希望她丈夫懂得珍惜这种贞洁的价值。我们将看到，“昂贵的花……”这句话与那三种花有着不同的象征意义。

“紫罗兰”（violet）表面上没有性意义，但是我可以大胆地认为，这个词语与法语“强奸”（viol）之间无意识的联系可以揭露出其隐秘含义。让我惊讶的是，梦者联想到的词是“暴力”（violate）。这个梦利用了“紫罗兰”和“暴力”两词的巨大相似性，两词发音的差别仅仅在最后一个音节上，从而用花语——暴力地摘花（defloration，也可译为“破身”）——表达了梦者对于奸污处女的想法，而且很可能表达出了她性格中的一种受虐特征。这是通过跨越“语言桥梁”通向无意识的一个很好的范例。“要花钱才买得到的花”则代表着她为了成为妻子和母亲必须花费一生。

联系到被她后来称为“康乃馨”（carnation）的“香石竹”，我认为这个词和“肉体”（carnal）有关。但是，做梦者对此的联想是“色彩”（color）。她补充道，她的未婚夫经常大量送给她的花就是康乃馨。但是末了，她自言自语地坦然道自己没有说实话：她想到的并不是“色彩”，而是“化身”（incarnation），这正是我所期待的词。顺便说一句，“色彩”这个词也不是太离题的联想，而是由康乃馨的颜色（肉色）所决定的，也就是说两种联想是被同一个情结所决定的。她的不诚实展现出她在此处的抵抗是最为强烈的，这对应着一个事实，即此处的象征意义最为清晰，而且就生殖器主题来说，在此力比多和其受到的压抑之间的斗争最为强烈。她提到她的未婚夫经常送康乃馨给她，这指出“康乃馨”不只有两层意思，还在梦中象征生殖器。作为礼物的花朵，即一个来源于她的日常生活的刺激因素，在梦中可以用来表达对性礼物的置换：她献出自己的贞操作为礼物，并期待一种充满温情的性生活作为回报。在这一点上，同样的，“昂贵的花，要花钱才能买到的花”无疑有着一种金钱意义。

因此，梦中花朵的象征意义也包含着处女的女性气质、男子气概和暴力破处的暗示。在这种联系中值得指出的是，花朵绽放（植物的性器官）象征着人类的性器官，此种象征实则非常常见。恋人之间送的花基本上都有这种无意识的意义，这一点很可能是真的。

她在梦中准备的生日无疑代表着婴儿的出生。她把自己认同成她的未婚夫，让他来替她“安排”一次生育，即和她性交。潜在的梦思可能已经在运行：“如果我是他，我会迫不及待地在未经允许的情况下玷污我的未婚妻——我会使用暴力。”这一点体现在“暴力”这个词上，于是力比多中的施虐成分得到了表达。

在梦的更深层次上，“我布置……”这句话无疑具有一种自淫的意味，即一种幼儿的意义。

做梦者还透露出她知晓自己的身体缺陷，这也只能出现在梦中：她觉得自己扁平得像是一张桌子，没有任何凸出，因此她更要强调自己“中央”的可贵，有一次她说到“中央的花”，即她的贞洁。桌子的水平也必定对象征意义贡献了一些内容。

我们应当观察到这个梦的凝缩：其中没有任何多余的成分，每个词都是一个象征符号。

之后，做梦者对这个梦又做了一些补充：“我用绿色的褶皱纸来装饰这些花朵。”她补充说，这些纸在用于包普通花盆的纸中算得上高档。她继续说道：“这些纸用来掩盖一些脏东西，不论是什么，总之是一些碍眼的东西；花朵中有些间隙、一些空间。这些纸看起来就像丝绒或是苔藓。”对于“装饰”（decorate），她联想到了“端庄”（decorum），这正是我所期待的。她说绿色占据了主导地位，而她对此的联想则是“希望”，即另一个有关怀孕的联想。

在梦的这一部分里，主要因素并非是将自己认同成一个男人，首先出现的是一种羞耻观念以及自我流露。她使自己在未婚夫面前变美，并且承认了让自己感到羞耻的身体缺陷，并希望对此进行改变。她对“丝绒”和“苔藓”的联想表明她意指阴毛。

于是，这个梦表达了一个她在清醒时很难察觉到的思想——关于肉体愉悦和生殖器官。她被安排了一个生日，也就是说她在性交。她对破处的恐惧得到了表达，也许这其中还表达了一种痛并快乐的观念。她承认自己的身体缺陷，并且希望用自己被高估的贞洁来进行补偿。而她的羞耻为她的肉欲找了一个借口，即性交只是为了生育。这个简单的梦所附带的情感——一种愉悦感——指出，一些强烈的情感在梦中获得了满足。

## 十一、俾斯麦之梦

在俾斯麦的著作《思考与回忆》中，他引用了一封他于 1881 年 12 月 18 日写给威廉大帝一世的信，在信中有这样一段话：“陛下来信鼓舞我讲述我于 1863 年春季所做之梦，那时正值斗争最艰难的时刻，无人知晓出路在哪。我梦见我在阿尔卑斯山的小径上骑马前行（第二天早晨我做的第一件事就是将这件事讲给妻子还有其他目击者听），右侧是悬崖峭壁，左侧是嶙峋巨石。小径越行越窄，以致马匹不愿前行，空间太过狭小，回头抑或是下马亦无可能。于是我用左手的马鞭抽打光滑的石壁，呼唤上主的救助。马鞭无限伸长，岩壁像舞台幕布般倾泻而下，一条康庄大道立现眼前，丛林峻岭尽收眼底，好似波西米亚的景观。此处还有举着旗帜的普鲁士军队。甚至在梦中，我心中都升起一念，即我定要立即将此梦告知陛下。这一梦想如今实现了，而且我从梦中醒来时曾感到欢欣鼓舞……”

梦的行动可以分为两个部分。在第一部分中，做梦者发现自己陷入绝境，而他又奇迹般地在第二部分中被解救。从做梦者在现实中遇到的危机来看，梦中的马匹和骑士所陷入的困境是一个很容易理解的梦中情景。在做梦的当晚，也许他曾对自己的政策问题思考良久，并感到痛苦。在上述段落中，俾斯麦自己也用了同样的明喻来描述自己当时的无助。因此，梦中情景于他的意义是不言而喻的。同时，此梦是希贝尔所谓的“功能性现象”[①]的一个绝佳范例。做梦者意识中发生的过程被恰当地描绘成了骑士进退两难的局面——他想到的各种解决办法都遇到了无法克服的阻碍，

① 希贝尔将睡着以后看到的视觉形象称为自我象征（autosymbolic），而他用功能性现象来形容在这个过程中，他的思想是如何运作的。换句话说，功能性现象象征着思维过程本身，还象征着思想的当前活动的影响和意图。

然而他却无法停止自己对这些问题的思考。他的自尊不允许他投降或是后退，这在梦中被表达为一句话“回头抑或是下马亦无可能”。他那殚精竭虑地为他人谋福利的品质很容易让他将自己比作一匹马。事实上，他曾多次这么比喻自己，比如他的名言：“好马会带着马鞍死去。”在这个意义上，“马匹不愿前行”这句话完完全全意味着，这位疲惫不堪的政治家感觉自己有必要摆脱当下的烦恼，或者说，他想要通过睡眠和做梦来摆脱现实原则的束缚。梦中第二个部分里的愿望满足是如此明显，而且已经由“阿尔卑斯山的小径”暗示了出来。当时俾斯麦无疑已经知道，他将要去阿尔卑斯山区的加施泰因度假，因此梦把他带到了那里，让他放下了所有政务的负担。

在梦的第二部分，做梦者的愿望满足体现在两种方式上：一种方式清晰且毫无掩饰，另一种方式则是象征性的。其中象征性的满足体现为阻碍性的岩壁消失和康庄大道的出现——他渴求的“出路”以最便捷的形式出现，而且毫无掩饰地出现在普鲁士军队的场景里。为了解释这一预言性的场景，我们不需要构建什么神秘的假设：弗洛伊德的愿望满足理论已经足够了。就在俾斯麦做梦的那个时期，作为逃避普鲁士内部冲突的最佳途径，他渴望对奥地利的战争获得胜利。因此，如同弗洛伊德所推测的那样，这个梦表现了一个愿望的满足，即做梦者在波希米亚（即敌人的境内）看见普鲁士军队挥舞着旗帜。此梦唯一的特殊之处就在于，做梦者并不满足于在梦中实现他的愿望，他也知道如何在现实中实现这个愿望。任何熟悉精神分析解释技巧的人都不会错过此梦的一个特征，即那根无限伸长的马鞭。众所周知，马鞭、棍子、长矛，以及类似的东西都是阳具的象征符号，但是马鞭的延展性，毋庸置疑地具有阳具最惊人的特征。而这种夸张的现象，即“无限伸长”，似乎暗示了幼儿时期的精神贯注过强。梦中他手握马鞭这一事实清楚地在暗示自慰，这个暗示并不是指他做梦时在自慰，而是指他遥远的童年时期的欲望。施特科医生发现，梦中的“左”代表错的、被禁止的和罪恶的，这一点适用于这个梦，因为这可以解释童年期的自慰是被禁止的。在梦最深层的幼年欲望和最表层的政治家即时计划之间，我们能够发现一个中间层，这一中间层与其上下两层皆相关。用马鞭抽打石壁，同时向上主呼救，然后得到奇迹般的解救，这整个过程与圣经中的一个场景非常相似，即摩西击打磐石出水以救助以色列口渴的孩子。我们可以毫不犹豫地假设，来自一个热爱圣经的新教家庭的俾斯麦，对圣经中的这段故事非常熟悉。很可能在冲突期间，俾斯麦把自己比作摩西，这位解放人民的领袖，得到的回报却是反叛、仇恨和忘恩负义。这里我们应该联系做梦者当时的愿望。但是除此之外，这段圣经故事中也包含一些适用于自慰幻想的细节。面对着上帝的指令，摩西抓住了权杖，但上帝却因为他的僭越而处罚他，不许他进入应允之地，并让他死去。禁止抓住权杖（在梦中无疑是阳具的象征）、用权杖击打磐石出水、死亡的威胁——从这些内容中我们发现幼儿时期自慰的主要因素是统一的。有趣的是，我们能观察到一种修正过程，这一过程把这两个完全不同的场景结合在了一起（一个来自天才政治家的思想，另一个来源于幼儿未开化思想的冲动），并因此成功地消除了所有令人烦恼的因素。抓住权杖是一个禁忌，也是一个叛乱的举动，这一事实被隐去了，被“左”手象征性地指代。另外，在显梦中做梦者召唤了上帝，仿佛是要尽可能明显地否定一切被禁止的思想或秘密。上帝对摩西做了两个预言——他会见到应允之地，但是无法进入那里——第一个预言在梦中明显地得到了实现（从林峻岭尽收眼底）；而极度令人不悦的第二个预言则完全没有被提到。水很可能因为二度修正而被删除掉了，二度修正将这个场景与前一场景联结为一个整体，倾泻而下的不是水，而是岩壁。

我们应该期待，在幼儿时期的自慰幻想（被涵盖在抑制的主题里）的结尾，儿童会希望，他身边的大人不知道刚刚发生了什么。在梦中，这个愿望得到了反向表达，即他想要立即把刚刚发生的一切告知陛下。但是，这种反向表达暗地里却完美地符合表层梦思和部分显梦中包含的对胜利的幻想。这类胜利或征服的梦通常都隐含了在情色征服中胜利的愿望。梦的某些特征可能指出了这一点，比如一个障碍物挡住了做梦者的去路，但是随后他用长鞭拓开了一条康庄大道，但是这些特征并不能提供足够的证据，以证明梦中贯穿着这类观念或愿望。我们有一个完美的范例可以展示梦的歪曲的成功。梦中任何令人不悦的内容都经过了歪曲，以至于无法出现在梦的表层，反而被作为保护壳的表层覆盖住了。其结果就是避免了在梦中显露出任何焦虑。这个梦是一个在不违背检查机制的情况下成功满足愿望的绝佳典范，因此我们完全相信，做梦者会“欢欣鼓舞”地醒来。

## 十二、一位化学家的梦

这是一个年轻男子的梦，他为了能和女人发生性关系，正在努力戒掉自慰的习惯。

在做梦的前一天，做梦者指导一位学生进行格林纳反应的实验，即让镁通过碘的催化，溶解在无水乙醚中。两天之前，有人做了同样的实验，当时发生了一场爆炸，以致烧伤了其中一个实验员的手。

梦的内容如下：

> （1）他应该合成溴化苯基镁。他清楚地看到了实验装置，但是他自己却替代了镁。此时他发现自己处在一个非常不稳定的状态里。他不断地对自己说：“没关系，一切都很顺利，我的脚已经开始溶解了，我的膝盖正在变软。”于是他伸出手，触摸到了自己的脚。同时他（他也不知道如何能做到）把双腿伸出容器，并且再次对自己说：“这不对，但是就是这样的。”此时他半醒，他自己回顾了一遍梦境，因此他才能够向我报告。他极其害怕这个梦就此消散。在这种半梦半醒的状态中，他感到非常兴奋，并且一直重复地说着“苯基，苯基”。
>
> （2）他和全家人在一个地方（这个地方的名

字以 ing 结尾)，他准备在十一点半在舍腾图尔见一位女士。但是，他在十一点半才醒来，于是他对自己说:“太晚了。你十二点半之前都无法到达那里。”第二天，他看到全家人围坐在桌边。他尤其清楚地看到了他母亲，以及端着汤锅的女仆。于是他想道:“好吧，我们都开始吃晚餐了，现在出去太晚了。”

做梦者非常确信，梦的第一部分与他要见的那位女士有关(此梦发生在他所期待的约会的前一晚)。他觉得他指导的那位学生是个十分讨厌的人。做梦者曾经对他说过“这不对”，因为镁没有任何反应的迹象。而学生则漫不经心地回应说:“的确不对，不过你这样也不对。”这位学生可能代表着做梦者自己(我的病人)，他对于精神分析的态度，就像学生对于合成反应的态度一样。梦中进行实验的“他”代表着我。他对结果是如此地漫不经心，我该多么不高兴啊!

另外，他本人(我的病人)就是做精神分析(或合成反应)的素材。这里不确定的是治疗是否能成功。梦中他的腿让他想起做梦前一晚的经历。他一直在参加一个舞蹈课程，并且在那里遇到了一位他渴望征服的女士。做梦者把那位女士抱得很紧，以至于有一次她尖叫了起来。他放松了抱着女士腿部的手之后，他感觉到这位女士抵着他大腿以下直至膝盖部位的压力，这个部位也是他梦中出现了的。因此，在这种情况下，曲颈瓶中最后发生反应的镁应该就是这位女士。于我来说，我看他就如同他看这位女士一样。他能如此征服这位女士，我便能在治疗中如此征服他。他对自己的感觉，以及对膝盖的感受都指向着自慰，这也可以解释他前一天的疲惫感。

他与这位女士的约会其实在十一点半。他希望自己睡过头而错过这次约会，从而和他的性对象待在家里（即继续自慰），这一点对应着他的反抗。

对于反复出现的这个词“苯基”（phenyl），他告诉我，他总是很喜欢以“yl”结尾的化学基，因为这些词很容易用，比如氯化苯（benzyl）、乙酰（acetyl）等。这并不能解释什么。但是，当我提到“呆子”（schlemihl）也是这一系列化学基中的一个时，他大笑了起来，并且对我说，他在夏天时读过马塞尔·普雷沃斯特的一本书，其中有一个章节讨论了那些“恋爱绝缘体”，里面包含了一些对“呆子”的评论。当他阅读这些内容的时候，他对自己说道：“这简直跟我一样。”如果他错过了这次约会，那也就再次证明了他是个“呆子”。

# 第 六 章

# 梦中的愿望

# 第一节

在所有报告给我的梦中，有一个特别的梦引起了我们的注意。我的一名女病人告诉我她在一次关于梦的演讲中听到了一个故事，我至今都不知道这个故事的确切源头。但是，这个故事令我的女病人印象深刻，以至于她重复梦见这个故事。换句话说，她在自己的梦中重复了这个故事中的一些要素。通过这种方式，她表达了她在某一点上与这个故事一致。

这一典型的梦的开端如下：

> 一位父亲日复一日地在孩子的病床旁注视着，直至孩子死去。孩子死后，他进入隔壁的房间躺下，但没有关上门，这样他就可以从卧室看到孩子所在的房间，高大的蜡烛围着孩子的尸体。一位老人被雇来守灵，老人坐在尸体旁喃喃地祈祷。在睡了几个小时后，父亲做了一个梦，梦见他的孩子正站在他的床边，抓住他的胳膊，然后责备地对他小声说："父亲，你不知道我在燃烧吗？"父亲醒了，注意到隔壁房间的一束亮光，他急忙走进房间，发现那名守灵的老人已经去睡觉了，而他心爱孩子的尸体包裹物和孩子的一只胳膊被一根掉下来的蜡烛烧着了。

上面这个梦给了我们一个机会，去考虑梦是愿望的满足这一理论所面临的问题。

如果我们被告知梦只是愿望的满足，那么我们无疑会惊讶万分。我们的惊讶并不单是由于焦虑的梦所带来的反驳。

当分析第一次向我们揭示梦背后所隐藏的意义和精神价值时，我们无疑还未准备好接受这些意义具有如此统一的特征。根据亚里士多德既准确又直截了当的定义，梦是思维在睡眠状态下的延续（只是我们睡着了）。因此，我们白天的思考会产生各种各样的精神活动：判断、推断、否认、期望、意图等等。可是为什么在夜间的思考只能产生愿望呢？不是有众多的梦向我们展示出其他种类的精神活动吗？例如担忧也转变成了梦的形态。本章开头我们提到的那个梦（相当明晰的一个梦）不正是这类梦吗？当耀眼的光线照在这位熟睡的父亲的眼睛上时，他得出了令人担忧的结论：蜡烛掉下来了，可能烧到了孩子的尸体。他通过把这个结论包装成现在时的感官情景，从而把它变成了一场梦。那么愿望的满足在这其中扮演了什么角色呢？难道我们没看到，有一个来自清醒生活或是由新的感官印象所激起的思想在梦中具有支配性的影响吗？

所有这一切都千真万确，这迫使我们更深入地探究愿望满足在梦中起到的作用，以及延续到睡眠中的清醒思想的重要性。

愿望的满足引导着我们把梦分成了两组。我们已经发现，有些梦在直白地满足愿望，而另一些梦中的愿望满足是无法辨认的，而且往往经由各种手段得到伪装。在后者中，我们已经察觉到梦的审查机制在起作用。我们发现，未受歪曲的满足愿望的梦主要来自儿童；尽管简短且直白的愿望满足之梦似乎（我要强调这一点）也发生在成人身上。

接下来，我们可能会问，那些在梦中被实现的愿望从何而来。在提出这个问题时，我们会想到哪些截然不同的可能性或可供选择的答案呢？我认为，两种相反的答案中，一个认为愿望来自白天有意识感知的生活，另一个认为愿望存于无意识的精神活动中，且只有在夜晚才能被意识到。我可以对这样一个愿望界定三个可能的来源：

（1）该愿望可能是在白天被唤起的，而由于外界原因，未能获得满足。在该情况下，一个已经被承认但尚未得到满足的愿望被留到了晚上。

（2）这个愿望可能是在白天出现，但被拒绝了。在这种情况下，留到晚上的是一个未被满足但受到压抑的愿望。

（3）这个愿望可能与白天的生活无关，只是产生自心灵中被压抑的部分，并在晚上变得活跃起来。

如果我们再看看我们的精神装置图①，我们可以将第一种愿望定位在前意识系统（system of preconscious，简称 Pcs.）中。我们假设第二种愿望被驱离出前意识系统，进入了无意识系统（system of unconscious，简称 Ucs.），并且继续存在于此。我们将得出结论，第三种愿望的愿望冲动完全无法越过前意识系统。于是，问题来了，这些有着不同来源的愿望是否对梦同样重要，是否具有激起梦境的同等力量？

---

① 见图 1、图 2 和图 3。

“我们将把心理装置想象成一个复合器械，并为其加上‘机构’或（为了更清晰起见）‘系统’的名称。这些系统之间可能有一种规则的空间关系，就像望远镜中各个镜片的有序排列一样。严格来说，不需要假设精神系统实际上按空间顺序排列。如果在给定的精神过程中，刺激以特定的时间顺序通过系统，那么这一事实所建立的固定顺序就足够了。在其他过程中，顺序可能不同。我们会敞开大门迎接这种可能性。方便起见，我们未来会将装置的组件称为‘Ψ 系统’。装置有感觉和方向。所有的精神活动都从刺激开始（不管是外部刺激还是内部刺激），由运动感觉（innervation）结束。所以，我们把感觉端和运动端归于这个装置。在感觉端和运动端各有一个系统接收知觉。在运动端的系统为运动活动敞开了道路。一般来说精神活动从感觉端开始，到运动端结束，所以最普遍的精神装置图如图 1 所示。”[①]

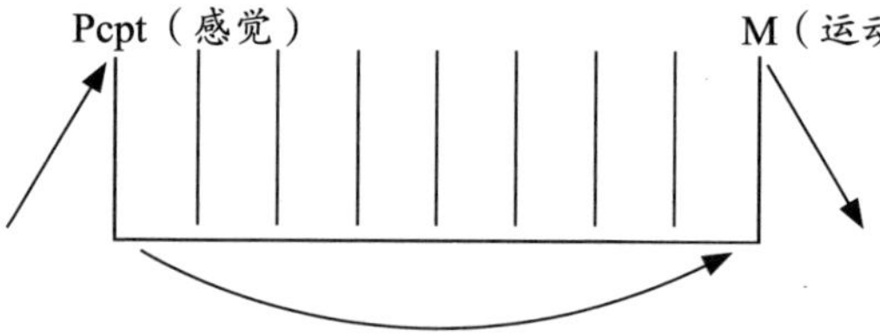


图 1

“我们有理由介绍感觉端的第一次分化。冲击精神装置的知觉留下了痕迹，我们将其称为记忆痕迹，与其相关的功能被我们称作记忆。如果我们认真执行将精神过程附加在系统上的计划，那么已经被痕迹包含在系统要素的永久

---

① 摘自《梦的解析》第七章。

修改中。但是，正如已经在别处指出的那样，假设同一个系统可以精确地保持其要素的修改，且对新的修改永久保持开放，那么这是有诸多明显的困难的。因此，根据我们实验的原则，我们应该把这两个功能分配给不同的系统。我们要假设装置的最前部接收感知刺激，但不留下这些刺激的痕迹，所以没有记忆。在这个装置的后面还有第二个系统，将第一个系统中的瞬时兴奋转化成永久的痕迹，如图 2 所示。”①

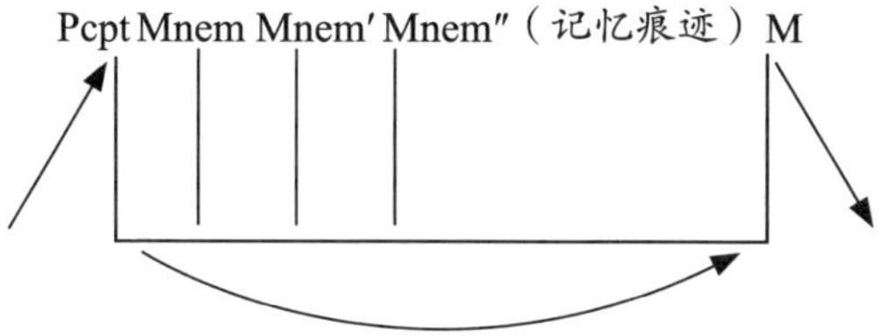

图 2

“众所周知，我们永久保留的不只是冲击前意识系统的感知内容，我们的感知根据发生的同时性在记忆中互相联结，我们称这一事实为‘联想’。很明显，如果前意识系统没有记忆，那么它就不能保留任何联想痕迹；如果之前遗留的联结对新的感知造成了影响，单独的前意识系统要素会无法容忍地阻碍这些联结发挥其功能。

“我们必须假设联想的基础在于记忆系统（mnemic system），由于阻力的减弱和辅助路径的铺设，兴奋从一个给定的记忆要素传到不同的记忆要素上的难易程度也不同。仔细考虑，假设存在多个记忆要素是必要的，同一个兴奋从前意识系统要素上传出，留下很多永久的痕迹，这些要

① 摘自《梦的解析》第七章。

素以及系统中的第一个要素会自然而然地包括同时发生的联想，而同一个知觉素材会就着其他类别的巧合被安排。所以，后面系统中的其中一个，举个例子，会记录相似的关系，依此类推。把一个这类系统的精神意义说出来自然也是浪费时间。在其特征存在于它与记忆原材料的各要素之间的亲密关系细节中，也就是说，如果我们可以暗示一种更激进的理论，其特征取决于这些要素中的兴奋所给出的传导阻力程度。

“在这里我要插入一个一般性的言论，这可能有重要的寓意。它就是知觉系统。该系统没有保留修改的能力，因此也没有记忆，这让我们的意识有了多种感官品质。另外，我们的记忆本身就是无意识的——除了那些深深印在我们脑海中的记忆。记忆被变成是有意识的，但毫无疑问，它们可以在无意识的状态下发挥所有作用。我们所说的‘特征’是基于印象中的记忆痕迹，对我们影响最大的印象——我们幼时最早的印象——正是那些几乎没有意识的印象。但是，如果记忆再次变得有意识，与感知相比，它们就不会表现出任何感官品质或表现出非常微弱的感官品质。如果可以确定记忆的 Ψ 系统和意识的特征品质是互斥的，那么这是对控制神经元兴奋的条件最有力的阐释。

“目前为止，在没有参考梦和从梦中推断出的心理学信息的情况下，我们做出了对精神装置在感觉端的构造的假设。梦赋予我们的证据会帮助我们理解装置的另一部分。我们发现，我们只能通过冒险假设存在两个精神机构来解释梦的形成，其中一个机构将另一方的活动提交给批评，该批评涉及将其排除在意识之外。批评机构比被批评机构跟意识的关系更近，它就像是被批评机构与意识之间的一道屏障。此外，我们找到了鉴别批评机构和另一个指导我们日常生活并决定我们的自主意愿和意识行动的机构的依据。如果根据我们的假设，我们用系统代替了这些机构，那么我们最后的结论一定会引着我们把批评系统定位在装置的运动端上。我们现在要在示意图中介绍这两个系统，并赋予它们可以表明其与意识之间关系的名称，如图 3 所示。”[①]

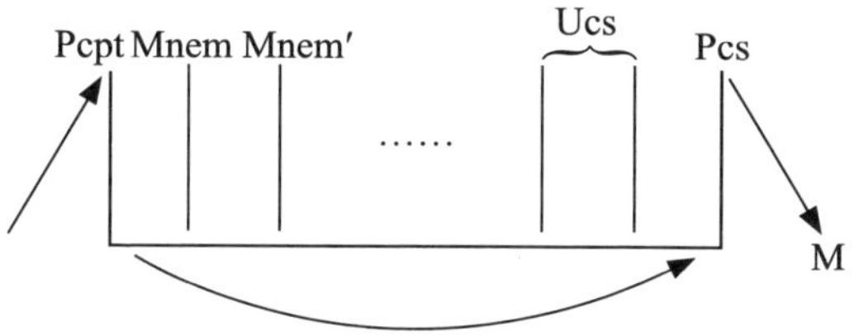


图 3

“我们将运动端的最后一个系统描述为前意识系统，以指出其中发生的兴奋过程在没有其他阻碍的情况下（前提是满足其他条件）进入意识：举个例子，兴奋达到了一定强度，这一只能被描述为‘注意力’的功能以特定的方式分布，依此类推。与此同时，系统掌握了控制自主行动的关键。

“我们将这个系统后面的系统称为‘无意识系统’，因为它没有其他的办法进入意识，除了通过前意识系统进入意识。在这个过程中，其兴奋过程必须服从修改。”[②]

---

① 摘自《梦的解析》第七章。

② 摘自《梦的解析》第七章。

如果我们把精力放在可以回答这个问题的梦境上，那么我们会立刻想起，我们还必须加上梦的愿望的第四种来源，即在夜间激起的愿望冲动（例如，那些由口渴或性需求激起的愿望）。其次，我们将形成这样一种观点，即梦的愿望来源并不影响其激起梦境的能力。我可能会想起那个小女孩的梦，她在梦中延续了白天被中断的游湖。我还会想起我记录过的其他孩子的梦。这些梦被解释为源于前一天未被满足的，但也并未受到压抑的愿望。白天被压抑的愿望在梦中找到出路的例子数不胜数。我会再加上一个非常简单的这类梦例。做梦者是一位非常喜欢开别人玩笑的女士，她有一位比她年轻的女性朋友，这位朋友刚刚订婚。熟人们整天都在问做梦者是否认识这位朋友的未婚夫，以及对他有怎样的看法。她的回答全是赞扬，但其实她没有表达自己真正的判断，因为她本想说实话——这个男人是个“Duzendmensch”（“dozen man”，字面意思是“一打男人”，即非常普通的人，像这样的男人可以被批量产出）。那天晚上，她梦见有人问了她同样的问题，她公式化地回答道：“如果订单是重复的，只需报出数字就够了。”于是，我们能从无数分析中认识到，在梦中经受歪曲的愿望皆由无意识产生，且在白天无法被觉察到。因此，乍一看梦中所有类型的愿望对梦都同样重要，且具有激起梦境的同等力量。

尽管我在这里不能提供任何证据，但事实并非如此，我可以说我倾向于假设梦的愿望是被精确确立的。毫无疑问，儿童的梦证明了白天没有得到满足的愿望可以成为梦的诱因。但是不要忘记，这是儿童的愿望，其愿望冲动的强度也是适于儿童的强度。对成人来说，白天未满足的愿望是否强烈到足以诱发梦，我认为这是非常可疑的。在我看来，相反的，随着我们的思维活动对我们本能生活的逐步控制，我们越来越倾向于放弃形成或保留这类对儿童来说很强烈的愿望，因为这是无利可图的。这方面可能存在个体差异，有些人保留幼儿心理过程的时间比其他人长，这与视觉意象随着年龄的增长而减弱的个体差异类似。

但总的来说，我认为，成人前一天未被满足的愿望不足以诱发梦。我欣然承认，来源于意识的愿望冲动会有助于诱发梦，但也仅此而已了。如果前意识愿望无法从别处得到强化，那么梦就不会出现。

实际上，前意识的愿望只能在无意识中得到强化。我的假设是，只有在一个有意识的愿望成功唤起具有相同大意的无意识愿望，并从中得到强化的情况下，这个有意识的愿望才能成为梦的诱因。从对神经症的精神分析得出的迹象来看，我认为这些无意识的愿望始终处于机警状态，随时准备与意识中的冲动结盟，并将自己的巨大精神强度转移到较弱的后者上[①]，以便得到表达。于是，有意识的愿望好似在梦中被实现了。在梦的构造中，只有细小的特征可以成为指

---

① 两者和真正无意识的精神活动（即那些只属于无意识系统的精神活动）一样，都具有坚不可摧的特征。无意识这些通路是一劳永逸的，永远不会被废弃，只要无意识的刺激再次集中贯注到这些通路上，这些通路总是准备好通过兴奋过程来释放这些刺激。如果我做一个类比，摧毁这些通路就像是摧毁《奥德赛》中地下世界的幽灵一样，它们尝到血液之后就会复生。依赖于前意识系统的过程在另一种意义上则是可以摧毁的。对神经症的精神治疗正是基于这种差别。——原注

路牌，让我们能够找到处在无意识中的强大同盟。我们无意识中的愿望总是保持警觉，也就是说，它们是不朽的，这让我们想到关于泰坦神族的一个传说。泰坦神族自远古以来就一直被胜利的众神们所投出的巨山压制着，但巨山时不时地就会被泰坦神族抖动的四肢所动摇。但是，正如对神经症的精神研究教会我们的那样，这些受压抑的愿望源自幼儿时期。因此，我要搁置刚才的断言，即梦的愿望的来源是无关紧要的，并用另一个主张取代它：梦中出现的愿望一定源自幼儿时期。就成人来说，这些愿望来自无意识系统；就儿童来说，由于无意识系统和前意识系统还在逐步建立，两者还没有分化，且这两种系统中间也没有审查机制，因此梦中出现的愿望是未被满足、未被压抑，来自清醒生活的愿望。我知道这一断言不能被普遍应用，但它确实常常被证明是成立的，甚至在那些毋庸置疑的例子中。

因此，在我看来，就梦的形成而言，有意识的清醒生活所遗留下来的愿望冲动必须被降到次要的位置。这些愿望作为梦中内容的提供者，除了在睡眠中做活跃的感官素材，我无法允许它们发挥任何其他的作用。我将按照同样的思路，来考量除愿望以外的、清醒生活所遗留的梦的其他精神诱因。当我们决定入睡时，我们可能会暂时结束附着在清醒思想上的感情投注。任何轻易做到这一点的人往往都睡得很好，拿破仑一世似乎就是这类人的典型。但是，我们并不总能成功地做到这一点，且我们也不是总能完全成功。那些未解决的问题、折磨人的担忧、太过深刻的印象——都能将思维活动带进睡眠状态，并且在被我们称为前意识的系统中维持这些心理过程。如果我们把那些持续存在于睡眠中的思想冲动进行分类，我们可以把它们分成以下几类：

（1）由于某些阻碍，在白天没有得出结论的思想冲动；

（2）由于我们的智力不足而没有得到处理的思想冲动——未得到解决的思想冲动；

（3）在白天被拒绝、被压抑的思想冲动；

（4）被白天的前意识活动驱使，在无意识系统中活动的一组强烈的思想冲动；

（5）一组在白天无关紧要，所以未经处理的印象。

## 第二节

不要低估由这些白日残留的、延续到睡眠状态的精神强度的重要性，尤其是那些未得到解决的想法。可以肯定的是，这些兴奋在夜间继续争取得到表达。我们也可以同样肯定地假设，睡眠状态使兴奋过程不可能像是在前意识中那样以寻常的方式被捕捉，并以最后进入意识的方式结束。只要我们的思维过程能以正常的方式进入有意识，那么我们就根本无法睡着。我不能说，睡眠状态对前意识系统带来了怎样的改变①，但毫无疑问，睡眠中的精神特征基

① 我在一篇题为《梦的理论的超心理学补充》（*A Metapsychological Supplement to the Theory of Dreams*）的论文中试图进一步深入理解事物在睡眠以及妄想中的状态。——原注

本上要靠这个特定系统里感情投注的改变来找到，这个系统也控制着运动力量，睡眠中的运动力量是瘫痪的。另外，梦的心理学中没有给我任何理由去假设睡眠在无意识系统占优势的状态下，还导致了除次要改变以外的任何其他改变。因此，对夜晚在前意识系统中发生的兴奋来说，除了那条后面跟随着从无意识系统中产生的愿望性兴奋的路径，其他路径都是关闭的。前意识的兴奋必须被无意识系统强化，且必须沿着迂回路径伴随无意识兴奋。但是，前一天遗留的前意识与梦有什么关系呢？毫无疑问，这些遗留的前意识找到了大量进入梦境的办法，它们甚至在夜间利用梦的内容进入意识。的确，它们偶尔会支配梦境的内容，并迫使梦境继续承载白天的活动。如同愿望一样，前一天遗留的前意识肯定也可以轻易拥有任何其他的性质；但是，前一天遗留的前意识与梦之间的关系极具指导意义，对愿望满足理论来说，观察到前意识被纳入梦境所必须屈从的条件也具有决定性的意义。

以我记录的一个梦为例，我的朋友奥托出现了格雷夫斯病的症状[①]。做梦的前一天，奥托的样子让我感到担心；而且就像有关他的其他事情一样，这种担忧深深地影响了我。正如我预料的那般，这种担忧跟随我进入了睡眠中。我可能急于想知道他到底出了什么问题。当晚在我的梦中

---

① 其主要内容为：作者梦见他的朋友奥托病了。在梦中奥托的脸是棕色的，眼睛也是凸出来的。现实中奥托是弗洛伊德的家庭医生，负责照顾弗洛伊德孩子们的健康。在弗洛伊德做梦的当天，奥托拜访了他。弗洛伊德的妻子说奥托看起来很是疲惫。

这种担忧表现了出来，首先梦的内容很荒谬，其次这个梦完全不像是愿望的满足，然后我开始探究这种对我白天担忧的不恰当表达源于何处。通过分析，我发现了一种联系，即我把我的朋友认同为 L 男爵[①]，并把我自己认同为 R 教授。我被迫如此替代我白日观念的解释只有一个，我的无意识系统时刻准备着把我自己认同为 R 教授，因为通过这种认同，我童年时渴望永垂不朽的愿望（一个妄自尊大的愿望）得到了满足。那些在白天必被否定的、对朋友怀有敌意的丑恶思想，在梦中抓住机会溜到了这个愿望里，但我白天的担忧也通过替代的方式在梦中得到了表达。白日里那些算不上愿望，相反却是担忧的思想，不得不以与当下受压抑且无意识的童年愿望联系起来，这种联系使得它像是“起源于”意识。担忧越是占据主导地位，建立起来的联系就越是牵强。愿望内容与忧虑内容没有必然的联系，我这个梦例中其实也没有这种联系。

我现在可以准确地描述无意识愿望在梦中扮演的角色。我愿意承认，有一整类梦主要甚至完全是由残留的白日思想激起的。我认为，如果我对朋友健康的担忧没有从前一天延续下来，那么即使我有一个自己最终成为一名杰出教授的愿望，我也可以整夜安睡。但是，光是这种担忧不可能构成一个梦。梦的动机必须由愿望提供，而担忧要做的事情就是抓住一个愿望来充当梦的动机。

---

① 作者多年前在和 R 教授的旅途中遭遇车祸，向患有巴塞杜氏病（与梦中奥托的症状相似）的 L 男爵求助。L 男爵表示乐意给予帮助，但在 R 教授提出具体要求后，拒绝提供帮助。

这一观点可以用一个类比来解释。白日思想在梦中惟妙惟肖地扮演着企业家的角色，但是正如人们所说的那样，一个光有想法和积极性的企业家，在没有资本的情况下什么也做不了。因此，他需要一个能承担开销的资本家，而不论前一天的白日思想是什么，在梦境里负担精神开销的资本家，无一例外且毫无疑问总是一个无意识的愿望。

有时候，资本家本身就是一名企业家，对于梦而言这种情况的确更为普遍：白天的活动激起了一个无意识的愿望，并构建了一个梦。同样，被我用来做类比的经济形势中的其他变量在梦境过程里也有对应物。企业家可以自己出资一小部分；几个企业家可以向同一个资本家提出申请；几个资本家也可以联合起来给同一个企业家提供所需的资金。同样，我们会遇到由不止一个梦的愿望所支撑的梦，以及其他类似的变体，我们可以很容易地过一遍这些梦，但是我们对此已经不感兴趣。关于梦的愿望，我们必须留到以后再说。

我刚才使用的类比的第三个比较物——企业家可支配的合理开销——能够更详细地阐明梦的结构。在大多数梦中，我们都可以发现一个被特定感官强度标记的中心点。这一中心点通常直接代表着愿望满足，这是因为，如果我们撤销梦的工作所带来的转换作用，我们会发现，梦思要素的精神强度已经被实际梦中内容里的要素的感官强度所取代了。愿望满足周围的要素往往与愿望本身的意义无关，这些要素最终成了有悖于愿望的忧思衍生物。但是，由于它们经常人为地与核心元素建立联系，它们也获得了足够的强度，从而能够在梦中被表现出来。因此，愿望满足表现自己的力量分散在其周围的某个领域中，在这个领域内，所有的要素（甚至包括那些自身没有表达途径的要素）都获得了表达的力量。对于那些由几个愿望驱动的梦来说，我们很容易界定不同愿望满足的各自领域，而梦的间隙常常可以被理解为是这些领域之间的边界地带。

尽管上述考虑已经降低了残留的白日思想在梦中的重要性，但我们值得多花点心思去关注它们。它们一定是梦的形成中的基本成分，因为经验向我们揭示了一个令人惊讶的事实：在每个梦中都能发现一些与近期的白日印象（通常是最为琐碎的印象）的联系。至此我们还无法解释向梦境的混合物中添加白日印象的必要性。我们只有牢记无意识愿望所起的作用，并从神经症病人的精神中寻找信息，我们才能解释这种必要性。我们通过后者而认识到无意识观念无法进入前意识，它只能通过与一个处于前意识的观念建立联系，并将其强度转移到后者之上，且用后者“覆盖”自己，才能够发挥作用。这里我们提到了“移情”，这一事实为神经症患者的心理生活中许多令人震惊的现象提供了解释。

前意识观念获得了它不配拥有的强度，它要么通过移情保持不变，要么被那些影响移情的观念内容强制改变。我希望可以从日常生活中找到一些类比来求得原谅，比如我想说，一个被压抑的观念的境遇类似于我国的美国牙医：他不被允许开业行医，除非他能在法律的眼皮底下利用一位具有合法资质的医生给他打“掩护”。能与这种牙医结盟的并不全是大量执业的医生，同样的道理，那些处于前意识或意识中，已经得到大量关注的观念，也不会被选中去掩护受压抑的观念。无意识更倾向于将前意识印象和观念网罗在自己的联结中：这些印象和观念要么因为十分琐碎而得不到关注，要么因为被否定而被立即放弃关注。一个在某方面被紧密联系所束缚的观念，倾向于排斥所有的新观念。这在联想准则中是十分常见的，而且这一点完全可以被经验所证实。我曾经试图用这个论点来支撑一个关于癔症性瘫痪的理论。

如果我们假设，就我们在分析神经症时发现的受压抑的观念而言，它们在梦中同样也需要移情，那么梦的两个谜题就一下子解开了：事实上，对每一个梦的分析都显示出梦的构造中编织着一些近期的印象，且往往都是最为琐碎的印象。我可以补充一点（正如我们在其他地方所发现的那样），这些最近的琐碎元素之所以能如此频繁地进入梦境，成为久远梦思的替代品的原因是，它们最不害怕反抗审查。但是，尽管免受审查这一事实解释了为何琐碎元素更受欢迎，近期元素的频繁出现说明了移情存在的必要性。琐碎的印象和近期的印象都满足了被压抑思想对联想素材的需求——尚未被联想到：琐碎印象满足需求是因为它们没有机会形成很多联结；近期印象满足需求是因为它们没有时间形成联结。

我们会发现，被我们归类为琐碎印象的白日残留，在参与梦的形成时，不仅仅是借用了无意识系统的东西——由受压抑愿望支配的本能力量，也给无意识提供了一些不可或缺的东西——移情必要的附着点。如果我们想要在这一点上深入，以便洞察这一思维过程，我们必须着重阐明前意识兴奋和无意识兴奋之间的交互作用，这是研究精神神经症需要做的课题，但梦对这个课题束手无策。

关于白日残留，我还要补充一件事。毫无疑问，梦并非是睡眠的干扰者，白日残留才是。相反，梦在保护睡眠。我之后会回到这个论点上来。

## 第三节

迄今为止，我们一直在研究梦的愿望：我们已经追溯到了它们的来源——无意识系统，也分析了它们与白日残留的关系，这些残留要么是愿望或其他类型的精神冲动，要么是近期印象。如此一来，我们就为那些认为在梦的构建过程中清醒思维活动具有重要性的各种断言留足了空间。甚至，我们的叙述能够解释极端情况，在这种情况下，一个捕捉到白日活动的梦境，完美地解决了清醒生活中悬而未决的问题。我们需要做的只是分析这样一个梦例，并追溯梦中囊括的、童年时期的愿望或受压抑的愿望的源头，这两种愿望被成功用来强化前意识活动努力的成果。但是，这并未让我们更接近谜题的答案，即在睡眠期间，为什么无意识只能为愿望满足提供动力，其他的什么也做不了。这个问题的答案必然会阐明愿望的精神本质，我建议参照我们的精神装置图来寻找答案。

毫无疑问，精神装置要经过很长时间的发展才能达到当下的完善程度。让我们试着回到这种装置早期的运作能力上。某些假设的合理解释必须从其他方向寻得，但这些假设让我们认识到，精神装置最初所做的努力是为了尽可能远离刺激。因此，它最初的结构是一个反射装置，如此一来任何冲击到它的感官兴奋都可以立即沿着一条运动通路而得到释放。但是，生活中的紧急情况干扰了这一简单功能，整个装置也因此获得了进一步发展的动力。生活中的紧急情况首先以主要的躯体需求的形式出现在精神装置面前。内在需求所产生的兴奋寻求通过运动得到释放，这个过程可以被描述为一种“内部变化”或“情绪表达”。比如一个饥饿的婴儿尖叫或无助地踢来踢去。但是，饥饿的情况并没有得到改变，源于内在需求的兴奋不能归因于一种产生瞬间影响的力量，而要归因于一种持续进行的力量。只有用某种方式（对于婴儿来说，通过外在帮助）获得“得到满足的经历”来结束内在刺激，这种情况才能得到改变。在得到满足的经历中，一个重要组成部分就是一种特定的知觉（在我们的例子中是对食物的知觉），这种知觉的记忆形象从感受到这种知觉的时候开始就和由需求产生的兴奋记忆的遗迹保持着关联。

结果，这样的联结得以建立。当这种需求再次出现时，一种精神冲动也会立即出现，并将精力再次集中在这种知觉的记忆形象上，从而再次唤起知觉本身，也就是说，再次构建起最初得到满足的情况。这种精神冲动被我们称为愿望。知觉的再现就是愿望的满足，集中全部精力到这种知觉上的需求产生了一种兴奋，而满足愿望的最短路线就始于这种兴奋。没有什么东西可以阻止我们假设精神装置有一种原始状态，在这一状态中，上述路线被经过，也就是说，愿望以幻觉的形式结束。因此，最初的精神活动的目标就在于产生一种"知觉一致性"，即重复联结着需求满足的知觉。

生活中的痛苦经历必然把这种主要的思维活动转变成了一种更为得当的次级思维活动。在精神装置内部沿着最短的退行路线建立起来的知觉一致性，就像集中精力到无中生有的同一知觉上，在心灵中的其他地方不会获得同样的结果。满足并不会出现，需求依然存在。内在投注和外在投注只有在不断维持的情况下才能具有同样的价值，正如幻觉性精神病和饥饿幻想的实际情况那样，竭尽它们所有的精神活动去依赖其愿望的对象。为了能更有效地利用精神力，必须在完成这种退行之前停下来，这样就不会退行越过记忆形象，并且可以找到最终抵达被渴望的，产生于外界的知觉一致性的路线[①]。对退行的禁止以及随后兴奋的分化，成了第二个系统的工作，它控制着随意运动，即利用运动来达到已被记住的目的。但是，所有从记忆形象发展到产生外界的知觉一致性时的复杂思维活动构成了一条通往愿望满足的迂回路径，经验使这条迂回路径变得必要。毕竟，思想只不过是幻觉性愿望的替代品。梦明摆着

① 我在《关于精神功能的两个原则》（被我称为"快乐原则"和"现实原则"）的论文中进一步阐述了这一系列思维。换言之，很显然，一定存在一种"检验现实"的方法。——原注

必然是愿望的满足，因为只有愿望才能使我们的心理装置运转起来。那些在退行路线上满足愿望的梦仅仅为我们保留了精神装置最初运作方式的样本，但这种方式因为效率低下而被放弃了。当心灵尚且不成熟且机能不全时，曾经主导清醒生活的东西此刻似乎已经被放逐到了夜晚，如同被成人抛弃的原始武器再次出现在托儿所里，例如弓和箭。梦是已经被取代的童年心理生活的一个片段。那些在清醒时通常会被抑制的精神装置的工作方式，在精神病中再次盛行了起来，这也暴露出它们无力满足我们涉及外在世界的需要。

无意识的愿望冲动显然试图在白天也起作用，和各种精神病一样，移情告诉我们，这些冲动试图强行通过前意识系统进入意识，并获得对运动力量的控制。因此，梦强加给我们一个假设，即位于无意识系统和前意识系统之间存在着审查机制，这种审查机制作为我们精神健康的守卫者，值得得到肯定和尊敬。然而，难道不是由于这个守卫者在夜间粗心地放松警惕，无意识系统中受压抑的冲动才得以表达，使得幻觉性退行再次发生？我认为不是。因为即便这个至关重要的守卫者去休息了（我们能证明它并未熟睡），它也会关上通往运动力的大门。无论跃上舞台的是源于通常被禁止的无意识系统的何种冲动，我们都无须担忧，它们仍然是无害的，因为它们无法启动可以独自改变外界的运动装置。睡眠状态保证了必须被坚守的阵地的安全。当引起力量转移的并非是审查机制在夜间输出力度的松懈，而是这种力度的病理性减弱，或无意识兴奋的病理性增强（同时前意识还在持续贯注，且通往运动力的路径也开放着）时，这一观点就不那么无害了。在这种情况下，守卫者就会被压制，无意识兴奋就会击溃前意识系统，从而控制我们的言语和行动；或者说它们会强行引起幻觉性退行，凭借着知觉对我们精神能量分布的吸引，指导装置的运行（这并非它们本来被设计好的用处）。我们称这种状态为精神病。

## 第四节

现在我们在继续搭建心理学脚手架的道路上稳步前行，但我们在介绍无意识系统和前意识系统时停了下来。考虑到愿望在梦的构建中是唯一的精神动力，我们有理由继续前进一点。我们已经接受了一个观念，即梦无一例外地在满足愿望是因为梦是无意识系统的产物，而无意识系统的活动只有满足愿望这一个目的，它能够控制的也只有愿望冲动这一种力量。如果我们再坚持一下，哪怕是一瞬间，我们有权将如此深远的心理学推测建立在梦的解析上，那么我们就有责任去证明，这些推测让我们能将梦插入到一个包含了其他精神结构的联结中。如果确有无意识系统这样的东西存在（或者有适用于我们的讨论的类似的东西），那么梦不可能是它的唯一表现，每个梦都是一种愿望满足，但除了梦之外，必定还有其他一些异常的愿望满足形式。事实上，能涵盖一切精神神经症状的理论可以以一个论点告终，即精神神经症症状也应被视为无意识愿望的满足[①]。我们的解释使梦成为一大类别中第一个唯独对精神病学家意义重大的成员，而对梦的理解意味着对精神病学问题的纯粹的心理学解法[②]。

然而，在愿望满足的这个类别中，其他成员（例如癔症症状）都有一个本质特征，这是在梦身上找不到的。从本文经常提到的研究中，我已经认识到，要形成癔症症状，心灵中的两种思潮必须要合并到一起。症状不仅仅是被实现的无意识愿望的表达，一个被同一个症状所满足的前意识愿望也会呈现出来。所以，一个症状至少有两个决定因素，其中一个来自冲突中包含的两个系统。就梦来说，额外决定因素的数量并无限制——症状由多种因素决定。就我所知，那些并非来自无意识系统的决定因素，无一例外地是反抗无意识愿望的一系列思想，例如自我惩罚。因此，我可以做出一个概括的总结，源自不同精神系统且彼此相反的两个愿望满足，汇聚在同一表达里的时候，癔症症状才会出现。在这里举例子用处不大，因为只有详尽地阐明这里涉及的各种复杂情况才能使人信服。我之所以暂时放下我的论断，是因为泾渭自明。我只引一个例子，并非为了说服谁，只是为了清楚说明这一点。在我的一位女病人身上，癔症性呕吐一方面体现了一个可追溯到她青春期的

---

① 或者更准确地说，症状的一部分对应于无意识的愿望满足，另一部分则对应反抗愿望的精神结构。

② 正如休斯林·杰克逊（Hughlings Jackson）所说："发现有关梦的一切，你就发现了有关精神病的一切。"

无意识幻想，即一个愿望：她会不断地怀孕，生下无数的孩子。紧接着她有了另一个愿望：她会跟尽可能多的男人生下这些孩子。一股强烈的防御性冲动涌现出来以抵抗这个放肆的愿望。此外，由于病人可能因为呕吐失去身材和美貌，从而失去对他人的吸引力，这个症状也是被惩罚性思路所接受的；因为这一症状在两方面都得到了允许，于是它变成了现实。这与帕提亚女王面对罗马三执政之一的克拉苏时对待愿望满足的方式是一样的。女王相信克拉苏是出于对黄金的热爱而开始了远征，于是她下令在他死后把熔化的黄金倒进他的喉咙，并说道："现在，你得到了你想要的。"我们目前的了解只限于梦表达了无意识愿望的满足，但好像占据主导地位的前意识系统在坚持一定数量的歪曲之后也默许了前意识愿望的满足。作为普遍规律，我们没能发现一条与梦的愿望截然相反，且像愿望那般在梦中得到实现的思路。只有在梦的分析中，我们才发现了反应性创造的迹象，例如，在我叔叔的梦中，我对我的朋友R的深情（参见前文）。但是，我们可以在其他地方找到前意识中的缺失成分。来自无意识系统的愿望在经历了各种歪曲之后，可以在梦中得到表达，而主导系统则撤回到一个愿望里从而继续睡眠，并通过精神装置里的感情投注对愿望进行修改来实现这个愿望，且在整个睡眠过程中维持这个愿望。

前意识中那个想要睡眠的坚定愿望对梦的形成起到了促进作用。我们可以回忆一下那个男人做的梦，他从隔壁房间射出的强光推测出他孩子的尸体可能着火了。这位父亲做出如此推论，而不是被隔壁房间的强光唤醒。我们认为，造成这一结果的精神力量之一是一个愿望，即把他梦中所描绘的孩子的生命延长片刻。而其他一些受压抑的愿望可能会逃过我们的视野，因为我们无法分析这个梦。但是，我们可以假设，形成梦的另一个动力是这位父亲对睡眠的需要。他的睡眠，就像孩子的生命一样，也被梦延长了片刻。这种动力就类似于“让梦继续吧，否则我将不得不醒来”。在每个类似于这个梦的梦中，想睡觉的愿望为无意识愿望提供了支持。我描述过一些明显就是便利之梦的梦，但事实上，所有的梦都有被称为便利之梦的权利。我们最容易在唤醒之梦中见到那些渴望继续睡眠的愿望的操作，这些愿望调整了外界感官刺激，使其适应于继续睡眠，并把外界感官刺激编织到了梦里，从而使它们丧失担当外在世界的提醒者的可能性。然而，这些渴望睡眠的愿望必须在其他梦中扮演同样的角色，允许那些只会从内部干扰睡眠，令做梦者醒来的梦的存在。在某些情况下，当梦太过离谱时，无意识系统就会对意识说：“不要管！继续睡吧！毕竟这只是一场梦！”但是，这描述了我们主要的精神活动对梦的普遍态度，尽管这种态度没有得到公开表达。我被驱使着得出结论，即在我们整个睡眠状态中，我们肯定自己在做梦，就像我们肯定自己在睡觉一样。我们决不能太过关注反驳的论点，即我们的意识绝不会集中于后者，且只有当审查机制认为自己已经放松了警惕时，我们的意识才能集中于前者。

此外，有些人在夜里能非常清楚地意识到他们在睡觉和做梦，因此他们似乎有能力去有意识地操纵梦境。例如，如果这类梦者对梦中发生的事情不满意，那么他可以在不醒来的情况下中断这个梦，然后换个角度重新开始这个梦，仿佛一个著名的剧作家有赋予其作品一个更幸福结局的压力。或者，如果梦境将这类梦者引入了一个性兴奋场景，那么他会想：“我不会让这个梦再继续下去了，我不会通过发泄来耗尽我自己；我要留着应对现实中的场景。”

# 第 七 章

# 梦的功能

## 第一节

既然我们知道，整个晚上前意识都集中在想睡觉的愿望上，那么我们就得更进一步理解做梦的过程。但是，首先让我们总结一下到目前为止我们认识到的内容，情况如下：

要么前一天的残留是清醒生活的活动留下的，而且不可能撤回其中所有的感情投注；要么清醒生活的白日活动激起了一个无意识的愿望；要么这两种情况恰好同时发生（我们已讨论过这方面的各种可能性）。无意识的愿望将自己与白日残留联系起来，并对白日残留起到了转移作用；这要么发生在前一天，要么发生在睡眠之前出现。现在，一个愿望出现了，被移情到了近期素材上；或者一个一直被压抑的近期愿望，由于得到了无意识的强化而复活了。这个愿望试图强行沿着思维过程的正常路线，通过前意识系统进入意识中（的确，这个愿望的一部分属于意识）。但是，它遇到了仍然在运作的审查机制，并屈从于审查机制的影响。这个愿望此时出现了歪曲，因为它对近期材料产生的转移作用已经为这种歪曲铺设了道路。至此，这个愿望即将转变成一个强迫观念、一个妄想或类似的东西，也就是说，这个愿望即将变成一个被转移作用强化的、被审查机制歪曲了表达的思想。然而，前意识的睡眠状态阻止了它的进一步发展（可能是因为前意识系统通过减弱自身的兴奋，保护自己免遭入侵）。梦境过程最终进入了一条退行道路，这条道路为其开放是因为睡眠状态的特殊性质，梦境过程沿着这条道路前行是因为受到记忆的吸引。这些记忆中的部分只以视觉投注的形式存在，没有被转译为后面系统的术语。在其退行过程中，梦境过程获得了可表达性（我稍后会讨论凝缩的问题）。于是梦完成了其曲折旅程的第二部分。第一部分是前进的，从无意识场景或幻想前进到前意识；第二部分则是从审查机制的边缘退行到知觉。但是，当梦境过程的内容变成知觉时，我们可以说，梦实际上已经找到了一种方法来规避审查机制和前意识系统的睡眠状态所设置的障碍。它成功吸引了注意力，并得到了意识的关注。

意识对我们来说是一个感觉器官，我们可以用它接收到精神特质。意识可以接收到两个来源的刺激。其一来自整个装置，即知觉系统的边缘；其二来自快乐与痛苦的刺激，它们组成了装置中能量转换所附带的唯一精神特质。各种 Ψ 系统，包括前意识系统中的所有其他过程都缺乏精神特质，因此不能成为意识的对象，除非它们带来了知觉上的快乐或痛苦。我们因此得出结论，即这些快乐和痛苦的释放自动调节着感情投注的过程。但是，为了更精细的调节，思想过程有必要减少对痛苦知觉的依赖。为了达到这个目的，前意识系统需要自身具有吸引意识的特质，前意识系统很有可能通过将前意识过程与言语指示的记忆系统（这个系统并非没有特质）联系起来而获得这些性质。通过这个记忆系统的特质，原本还只是为了知觉而作为感觉器官的意识，现在便有了两个感官层面，一个面向知觉，另一个面向前意识的思维过程。

我必须假设，睡眠状态使得面向前意识系统的意识感官层面，比面向知觉系统的感觉层面更不容易受刺激。此外，在夜间放弃对思想过程的兴趣是有目的的：思考停顿了，因为前意识系统要求睡眠。然而，一旦梦变成了一种知觉，它就可以通过已获得的特质使意识兴奋。于是这种感官兴奋可以继续执行其基本功能：引导前意识系统中一部分可贯注的感情能量注意到引起兴奋的东西。因此，我们必须承认，每一个梦都有唤醒作用，其活跃了前意识系统中的部分静止力。然后，梦通过这股力量而受到了一种影响，即考虑到连贯性和可理解性的次级润饰。也就是说，梦如同其他知觉内容一样，受到了同样的处理。在其主要内容允许的范围内，梦通过相同的预期思想得到满足。在某种主题中，梦也受到同一种预期观念的影响。只要梦境过程的第三部分具有某种方向，那么这个方向同样是前进的。

为了避免误解，我们有必要用一句话总结梦境过程的时间顺序。哥布鲁提出了一个非常吸引人的猜想，毫无疑问，这个猜想是由莫里的断头台之梦的谜题引出的。哥布鲁想要证明，梦仅仅占用了睡眠状态和清醒状态之间的转换间隙。醒来需要一定的时间，而梦就发生在这段时间中。我们想象在醒来之前，最终的梦的形象一定是强而有力的，以迫使我们醒来；而事实上，它之所以如此强而有力，只是因为那一刻我们已经临近醒来了。“梦正是觉醒的开始。”

杜加斯已经指出，哥布鲁在提出自己概括论证之前，必须得忽视许多事实。例如，梦没有发生在我们醒来之前，还例如我们甚至会梦到我们在做梦。以我们对梦的工作的了解，我们并不认为梦只出现在醒来的时段。相反，梦的工作的第一部分很可能在前一天就在前意识的控制下开始了。其第二部分工作（即审查机制做出的修改、无意识场景吸引注意并强行进入意识）无疑整晚都在进行。在这方面，当我们表达出感觉自己整晚都在做梦，但又说不出做了什么梦时，我们的这一说法常常是合理的。

但是，在我看来似乎没有必要假设，直到被意识到的那一瞬间，梦境过程一直保持着我所描述的时间顺序：首先出现的是经过转化的梦的愿望，紧随其后的是审查机制的歪曲，然后是方向上的退行变化，等等。在描述中我不得不采用这个顺序，但在现实中，梦境过程无疑是同时探索好几条道路，情绪来回波动，最终在最合适的方向上积累，一个特定的组别成为一个永久性的组别。我个人的某些经验致使我怀疑梦的工作常常需要运作不止一个昼夜来获得最终结果。如果事实如此，那么我们便不必对梦的构建的巧妙非凡感到惊讶了。在我看来，甚至在梦吸引意识之前，就已经有了一个需求，即把梦变得像知觉事件一样容易理解。然而，梦的工作从那时起就加快进程了，因为在这一点上，梦和其他被知觉的内容得到了同样的处理。梦就像一场烟花，需要几个小时的时间做准备，但是展现就在片刻间。

至此，梦境过程想要获得足够的强度，要么不顾睡眠的时间和深度，通过梦的工作吸引意识并唤起前意识；要么它的强度不足以让它这么做，于是它必须保持待命状态，直到注意力在醒来之前变得灵活，主动被吸引。大多数梦都以较低的精神强度运作，因为它们大都等待醒来的时刻。这也解释了这样一个事实，如果我们突然从深度睡眠中醒来，我们通常会察觉自己刚刚梦到的内容。在这种情况下，就像我们自然地苏醒一样，我们首先看到的是由梦的工作构建的知觉内容，之后很快我们会看到外界提供给我们的知觉内容。

## 第二节

然而，那些能够在睡眠中唤醒我们的梦，在理论上更令人感兴趣。考虑到规则之外的权宜之计，我们可能会问，为什么梦（也就是无意识愿望）会有干扰睡眠（也就是干扰前意识愿望的满足）的力量。答案无疑就在能量的关系中，但我们对此一无所知。如果我们对此有所认识，我们应该就会发现，与其像在白天那般，在夜晚对无意识进行严格的控制，不如让梦顺其自然地产生并耗费附着在梦境上的一定注意力，这是节省精力的做法。经验表明，做梦和睡觉是相容的，即便梦可以在夜间打断睡眠几次，但做梦者瞬间醒来，立刻又睡着了。这就像在睡觉时赶走一只苍蝇：只是临时性的醒来。如果我们能再次入睡，那么这种中断就无足轻重。正如那些我们熟悉的例子所表明的，继续睡觉这一愿望的满足，与在一定方向上持续消耗一定的注意力并不矛盾。

在这一点上，基于对无意识过程的进一步认识，一个反驳出现了。我曾断言，无意识愿望总是活跃的，但尽管如此，这些愿望似乎还没能强烈到足以在白天被察觉。然而，如果在睡眠状态占据主导地位时，一个无意识愿望强大到足以构建一个梦并唤醒前意识，那么为何在我们对梦有了上述认识后，这种强大的力量就会失效呢？难道梦不应该像那只烦人的苍蝇在被赶走后还不断地飞回来那样，不断地重复吗？我们有什么权利断言梦摆脱了睡眠中受到的干扰呢？

无意识的愿望总是处于活跃的状态，这一点完全正确。无意识愿望代表了一些只要一定量的兴奋就可以被通过的路径。事实上，无意识过程的一个显著特征就是坚不可摧。在无意识中，没有什么可以结束，没有什么可以成为过去或被遗忘。在研究神经症，特别是癔症时，这一点最为生动。只要积累足够多的兴奋，那么在癔症发作时引导发泄的无意识思路便立刻会变得可以通行。三十年前经历的羞辱，一旦获得了情感中的无意识资源，在三十年后也会显得生动如初。一旦有关这次羞辱的记忆被触动，被羞辱的情绪就会再次被激活，涌入生活，并显示出其在癔症发作时所释放的兴奋。这正是精神治疗必须介入的地方。精神治疗的任务就是让无意识过程最终被处理并被遗忘掉。记忆逐渐衰退，久远印象的情感渐微，我们倾向于认为这是不言而喻的，并将这种现象解释为时间对心理记忆痕迹的影响，但这种现象实际上是需要付出巨大努力才能完成的一种次级修正。进行这种工作的是前意识，而精神治疗能完成的仅仅是将无意识系统带入到前意识系统的掌控之下。

因此，任何特定的无意识兴奋过程都有两种可能的结果。要么它自行处理，在这种情况下，它会在某一时刻强行通过，并释放自身的兴奋，将其转化为行动；要么它受到前意识的影响，其自身的兴奋未得到释放，反而受到前意识的约束。第二种情况就发生在梦境过程中。在前意识系统中的感情投注变得有知觉以后，它在去往梦境的半路上被意识中的兴奋引入了梦境，它约束了梦中的无意识兴奋，使其无力干扰睡眠。如果做梦者真的醒来片刻，他其实已经赶走了干扰他睡眠的苍蝇。我们开始意识到，允许无意识愿望顺其自然，保持其退行的路径开放，实际上是更为得当和经济的做法。这样一来它就可以构建梦境，约束梦境，用少量的前意识工作处理梦境，而非在整个睡眠期间严格控制无意识。尽管做梦最初是一个没有实用目的的过程，但人们确实可以期待在与精神力量的相互作用中，做梦也获得了一些功能。现在我们知道这个功能到底是什么了。做梦承担了一个任务，即令无意识系统中的兴奋重新回到前意识的控制下。这样做不仅释放了无意识系统中的兴奋，并同时以消耗少量清醒活动为代价保证了前意识的睡眠。因此，像梦所属的精神结构系列中所有其他的精神结构一样，梦也构成了一种妥协；梦通过满足两个系统中的两个愿望（只要这两个愿望彼此相容），同时服务于两个系统。如果我们回到由罗伯特提出的梦的“排泄理论”上，我们就会一目了然，即本质上讲，我们必须接受他对梦的功能的论述，尽管我们得出这一结论的前提与他不同，对梦境过程的理解也与他不同[1]。

“只要这两个愿望彼此相容”这一限定条件暗示着在某种情况下，梦的功能可能会以失败告终。梦境过程被允许为了满足某个无意识愿望而开始，但是，如果这种企图满足愿望的行为过于猛烈，以至于前意识无法再继续睡眠，那么梦就破坏了这一让步，并无法完成后半部分的任务。在这种情况下，梦立刻就会破裂，取而代之的是全然清醒的状态。此时，如果梦不得不以一个睡眠干扰者的身份出现，而非像往常一样扮演睡眠守护者的角色，那么这也并非是梦的过错。我们也不必因此否定梦具有实用目的。梦并不是个孤例，一旦其前提条件发生改变，装置中通常有用的有机体就会变得无用，甚至产生干扰。至少这种干扰有了一个新的目的，即将注意力吸引到改变上，并在动态中设定这个有机体的调节

---

① 梅德尔（Maeder）曾试图证明梦还有其他的功能，即第二功能。他的论证始于一个正确的观察，即某些梦确实试图解决冲突，这些尝试之后会被带入现实，并因此显得好似清醒行动的预演。因此，他将梦与动物和儿童的嬉戏进行对比，后者可被视为天性的实践和为之后严肃的活动所做的预备，并提出了一个假设，即梦具有一种“游戏功能”。在梅德尔提出他的观点前不久，阿尔弗雷德·阿德勒（Alfred Adler）也坚持认为，梦具有一种“提前思考”的功能。然而，稍加反思，我们便会确信，梦的第二功能无权被看作是释梦这一主题的一部分。提前思考、形成意向、尝试解决问题，可能都是在之后的清醒生活中实现的，这些内容以及其他类似的内容，都是思想中无意识和前意识活动的产物。它们作为“白日残留”在梦中延续，并与无意识愿望结合形成梦境。因此，梦的“提前思考”功能只是前意识里清醒思维的一种功能，通过对梦或其他现象的分析，我们可以揭示出其产物。长久以来，人们习惯于错误地将梦等同于显梦内容；但是我们现在必须同样警惕另一种错误，即将梦与隐梦混为一谈。——原注

机制，从而对抗这种改变。我脑海中自然出现了焦虑之梦，每当我遇到它，我不会产生逃避这个反驳愿望满足理论的证据的想法，无论如何，我都会对这类梦做出一些解释。

## 第三节

造成焦虑的精神过程依然可以是愿望的满足，在我们看来这个观点已不再矛盾。我们知道这个观点可以用一个事实来解释，即尽管遭到前意识系统[①]的拒绝和压抑，愿望

① 第二个更为重要、影响更为深远，但同样被外行人所忽视的因素如下。愿望的满足无疑会带来快感，但是问题在于“给谁的快感”？当然是给那个有此愿望的人。但是，如我们所知，做梦者与其愿望的关系是非常特殊的。做梦者会否认这些愿望，并删减它们。简而言之，做梦者并不喜欢这些愿望。于是，这些愿望的满足不会给做梦者带来快感，经验显示，这种相反的结果体现为焦虑，这个事实还有待解释。因此，做梦者和其梦愿望之间的关系，只能比作是统一两个因共有某些重要元素而连接在一起的独立个人。我并不想扩充说明这一点，只是想提醒你们一个熟悉的童话故事，在这个故事中，你们会发现同样的情景。一位善良的仙女，允诺满足一对贫穷夫妇的三个愿望。夫妻二人很高兴，并谨慎地思索着这三个愿望。隔壁农舍飘来了炸香肠的香味，这勾起了女人想要几根香肠的愿望。结果香肠一下子就出现了，这就是第一个愿望的满足。但是，男人很恼火，他愤怒地希望这些香肠就挂在妻子的鼻子上。这个愿望也实现了，香肠从此无法离开那个位置了。这就是第二个愿望的满足，但是，这个愿望是男人的，这个愿望的满足让妻子感到不悦。你们都知道接下来的故事了。因为，毕竟他们夫妇二人是一个整体，第三个愿望则是让香肠离开女人的鼻子。这个童话故事可以应用于很多其他的情况，但是在此，我只是用它来阐明一种可能性，即如果两个人心不齐，那么满足其中一人的愿望，有可能让另一个人感到不悦。（引自《精神分析引论》）——原注

属于无意识系统。即便我们的精神极度健康，前意识系统也不可能完全压制无意识系统，压制的程度反映出我们精神正常的程度。神经症症状表明，两个系统彼此冲突，而神经症症状则是为了暂且结束冲突而妥协的产物。一方面，它们允许无意识系统成为发泄兴奋的途径，并为无意识系统提供了边防上的旁门，而另一方面，它们也使得前意识系统得以在某种程度上控制无意识系统。思考诸如癔症性恐惧症（hysterical phobia）或旷场恐惧症的意义，对我们是有启发的。我们假设，一位神经症病人无法独自一人过马路，我们完全可以称这个条件为某种“症状”。如果我们通过强迫他做那些他认为自己无法完成的行动来消除症状，那么结果就是焦虑的发作，而在马路上焦虑发作的确常常是旷场恐惧症发作的诱因。因此，我们看到，构建此症状的目的是避免焦虑的爆发，而恐惧症则是抵抗焦虑的边防。

除非我们检视这些过程中情感起到的作用，否则我们的讨论无法继续；但是在目前的情况下，我们能做的还不尽完善。我们假设，对无意识系统的压制是必要的，因为如果让无意识系统中的观念顺其自然，那么将会产生一种原本愉悦的情感，但在“压抑”过程发生之后，这种情感就变为不悦了，而压抑的目的和结果都是防止这种不悦的释放。这种压抑延伸到了无意识系统的观念性内容中，因为这种不悦感的释放可能就始于这些内容。这一点为情感生成的本质，设定了一个前提假设。情感生成可以被理解为一种运动机能或分泌机能，其运动感觉的关键就在于无意识系统中的观念。由于前意识系统的控制，这些观念遭到了扼杀和禁止，它们无法输出那些会产生情感的冲动。因此，如果前意识系统的感情投注停止了，那么就会出现一种危险，即无意识兴奋可能释放出只能被体验为不悦、焦虑的情感（作为已受压制的结果）。

如果梦境过程可以自然地发生，那么这种危险便会成为现实。其条件在于，压制必须已经发生了，而且受压抑的愿望冲动，变得足够强烈。因此，这些决定因素彻底在梦形成的精神框架之外。若不是我们的主题与睡眠中无意识系统解放所导致的焦虑有关，我本可以略过对焦虑之梦的讨论，也可以避免花篇幅来讨论有关焦虑之梦的种种模糊之处。

正如我反复主张的，焦虑之梦的理论构成了神经症心理学的一部分。一旦我们指出它与梦境过程的关联之处，我们便与它无关了。我还能做的只有一件事。由于我已经断言，神经质焦虑来源于性素材，因此我可以分析一些焦虑之梦，从而展示出，性素材也呈现在这些梦的梦思中。

我完全有理由暂时把我的神经症病人的大量梦例放在一边，而去引用一些年轻人做的焦虑之梦。

距我做上一个真正的焦虑之梦已经很多年了，但是我记得自己七八岁时做的一个焦虑之梦，直到三十年后，我才对这个梦做了解释。这个梦非常生动，我在梦中见到，我亲爱的母亲平静地睡着了，被两个（或三个）长着鸟嘴的人抬进了房间，并放到了床上。我哭喊着醒了过来，还吵醒了我父母。那些长得异常高、披着奇怪斗篷的鸟嘴人来源于菲利普森版《圣经》中的插图。我想象着，他们一定是古埃及墓穴浮雕上的那些鹰头神。除此之外，这个分析还让我想起了一个没有礼貌的男孩，他是一个门房的儿子，在我们年幼时，他经常和我们在屋前的草地上玩耍，我觉得他可能叫菲利普。我还记得，正是从这个男孩那里，我第一次听到了关于性交的秽语，而受过教育的人一般使用拉丁词“交配”，这一点很清晰地体现在梦所选用的鹰头上。我一定是从这位对此事非常熟悉的年幼“老师”的表情上猜到了那个词的性含义。梦中我母亲的表情源自一个场景，即我祖父去世前几天，我看到他在昏迷中打鼾的样子。因此，梦中的“二度修正”带来的解释肯定就是我母亲快要死了，墓穴的浮雕也符合这一点。我在焦虑中醒来，这种焦虑一直持续到我把父母吵醒。我记得，当我醒来看到母亲的脸时，我突然平静了下来，仿佛我要再三确认她还活着。但是，这种对梦的“二次”解释受到了已有焦虑的影响。我那时并不焦虑，因为我梦见我的母亲快要死了；但在前意识对梦的修正中，我将梦解释为焦虑的，因为我已经受到了焦虑的影响。当我们考虑到压抑时，那么我们便可以将这种焦虑追溯到一种模糊的，且明显是对性的渴望上，这种性渴望在梦的视觉内容中得到了恰当的表达。

一位已经重病一年的二十七岁男子报告说，在他十一岁至十三岁之间时，他反复梦见（伴随着严重焦虑）一个举着斧头的人在追赶他。他试图逃跑，但他却好像瘫痪了似的不能动。这是一个很好的例子，展示了一类普遍的焦虑之梦，这类梦绝不会被怀疑与性有关。在分析过程中，做梦者首先想到了他叔叔告诉他的一个故事（在做这个梦之后），即他叔叔某天晚上在街上受到了一名可疑人员的袭击。梦者自己从这个联想中得出结论，他可能在临近做梦的那段时期听说了类似的事件。他从梦里的斧头联想到，那段时期他曾在砍木头的时候被斧头砍伤了手。接着，他又谈到了他与弟弟的关系。他曾经常常虐待这个弟弟并把弟弟打倒在地。他尤其记得有一次，他用靴子踢弟弟的头，踢得流血了，母亲如何说出"我怕有一天他（做梦者）会要了他的命"的。尽管他看起来还沉浸在这一以暴力为主题的回忆中，但他突然想起了他九岁时发生的一件事。当时父母很晚才回家，回家后就去睡了，而他当时假装自己睡着了。很快他就听到了喘息声，还有另一些让他觉得难以解释的声音，而且他还能推断出父母在床上的位置。接下来的想法展现出，他把父母之间的这种关系和他与弟弟之间的关系相提并论。他把父母之间发生的事情纳入暴力和斗争的概念中。他还发现了支持这一观点的证据，即他经常注意到母亲的床上有血。

我可以说，一种日常经历就是，成人之间的性交会让儿童感到震惊，儿童会觉得这种行为异乎寻常，并因此而焦虑。我已经通过提出一个论点来解释这种焦虑了，即我们正在处理的是儿童无法应对的性兴奋，而且他们无疑也拒绝接受这种兴奋，因为他们的父母牵涉其中，所以这种兴奋就会转化成焦虑。在生命的更早时期，针对异性父母的性兴奋还未受到压抑，而且如我们所见，这种兴奋是可以自由表达的。

对于那些常在儿童身上发生的，伴随着幻觉的夜惊

（night terror），我应该毫不犹豫地给出同样的解释。这种情况也仅仅是性冲动没有被理解且被拒绝接受导致的。研究可能会显示出夜惊发作的周期，因为力比多的增加不仅可以归功于那些令人激动的偶然印象，也可以归功于自身持续的生理发育过程。

但是，我缺乏足够多的基于观察得到的材料，因此无法确证这种解释。

此外，儿科医生们则缺乏理解这整类现象的唯一方法，无论是躯体方面的现象还是精神方面的现象。我不禁要引用一个有趣的例子来展示。我的例子取自德巴克一篇关于夜惊的论文：

一名身体健康的十三岁男孩开始变得忧心忡忡、神情恍惚。他的睡眠出现了障碍，几乎每周都会被伴随着幻觉的焦虑发作所打断。他对这些梦总是记忆犹新。他说，魔鬼曾对他大喊："现在我们抓到你了，现在我们抓到你了！"然后他闻到了一股沥青和硫黄的味道，并且感到皮肤被烧焦了。于是他从梦中惊醒，而且在一开始的时候无法喊叫。恢复了声音之后，人们能清楚地听到他说："不，不，不是我，我什么也没做！""请不要这样！我不会再犯了！"或者有时是"艾伯特从来没有那样做过！"后来，他拒绝脱衣服，"因为只有在脱了衣服之后，火焰才会烧到他"。当他还在做着这些损害健康的魔鬼之梦时，他被送到了乡下。在那里过了十八个月的时间后，他获得了康复。在十五岁的时候，他有一次坦白道："我不敢承认，但是我一直都感到身上有些部位有刺痛感和强烈的兴奋感；这让我极其紧张，以致我总想从宿舍的窗户跳出去。”

我们不难推论：

（1）这个男孩年纪更小一点的时候有过自慰，但是他很可能对此予以否认，而且他因为这种坏习惯被威胁将受到严厉的惩罚（参见他的供认“我不会再犯了”，还有他的否认“艾伯特从来没有那样做过”）。

（2）随着青春期的开始，他自慰的诱惑伴随着他给生殖器挠痒而复苏了。

（3）他内心爆发了一场压抑的斗争，这种斗争压制了他的力比多，并将其转化为焦虑，而这种焦虑已经取代了他先前被威胁将受到严厉惩罚的恐惧。

现在，让我们看看这篇论文的作者做的推论，我们可以从观察中得出以下结论：

（1）青春期阶段这位健康男孩受到的影响，可能导致他陷入极度虚弱的状态，并且给他造成相当程度的脑贫血。

（2）这种脑贫血导致了性格的改变、附魔幻想（demonomanic hallucination）和夜间（也可能是白天）严重的焦虑状态。

（3）这位男孩的附魔幻想和自责可以追溯到他受到的宗教教育，他从小时候开始就受到宗教教育的影响了。

（4）在因为某种原因而被延长的乡下之旅中，所有的症状都消失了，这可能是体育锻炼和青春期体质增强的结果。

（5）男孩大脑的先天条件可以归因于遗传，以及他父亲曾经感染过的梅毒。

最终的结论是这样的：我们将此情况归类为营养不足导致的不发热谵妄（apyretic deliria of inanition），因为我们可以将这种特殊状态归因于脑贫血。

# 第 八 章

# 主要过程和次要过程——退行

# 第一节

在尝试更深入地渗透梦境过程的心理时，我给自己设定了一项艰巨的任务，这项任务超越了我的论述能力。实际上同时存在于这个复杂整体中的各个元素，只能在我的描述中相继出现，而在提出每一点时，我都必须避免看起来已经预料到了其所基于的基础：诸如此类的困难超越了我的掌控能力。我在描述梦的心理时，无法追溯我个人观点的历史发展，所以我至今还在为此付出代价。虽然我对梦这一主题所采取的方针取决于我之前对各类神经症心理的研究，但我并不打算在目前的工作中引用后者作为参考。然而，我持续辜负自己的期望，朝着相反的方向前进，即我总是把梦作为理解神经症心理的一种手段。我意识到读者们会因此陷入种种麻烦，但我无能为力。

在我对这种情况感到不满的同时，我很高兴为了考虑另一件事而暂时停下来，我发现这更值得我去努力。如同本书第一章所示，我正面对着一个主题，而权威们对这一主题的观点包含着最尖锐的矛盾。我对梦的问题的处理方式给大多数的矛盾观点留有余地。我需要否认的只是其中的两种观点：其一，做梦是一个无意义的过程；其二，做梦是一个躯体的过程。除此之外，我能够在我复杂的论述中为所有这些相互矛盾的观点辩护，并表明，这些观点揭示了一部分事实。

梦承接了清醒生活中占据我们心灵且令我们感兴趣的

内容，这一观点已经因为隐藏梦思的发现而被完全证实。这些梦思只涉及那些对我们而言重要的，且令我们极度感兴趣的事物。梦绝不会被那些琐碎的细节占据。但是，我们也找到了接受相反观点的理由，即梦会捡起前一天残留下来的令人无动于衷的垃圾，这些垃圾无法引起任何白日里的兴趣，直至它们从清醒活动中撤出。我们已经发现这一点适用于梦的内容，梦思经过修改，即以歪曲的形式得到表达。正如我们已经看到的，由于与联想机制相关的原因，梦境过程更容易控制那些近期的、琐碎的、还未被清醒思想活动征用的观念性素材。由于审查机制的原因，梦把重要但受到抗拒的内容的精神强度，转移到了琐碎的内容上。

梦有记忆增强（hypermnesic）的特点，并且可以获取来自童年的素材，这一事实已经成为我们学说的基石之一。我们的梦理论认为，来源于幼儿时期的愿望是形成梦的不可或缺的动力。

当然，我们没有怀疑过睡眠期间外界感官刺激的重要性，这种重要性已经被实验所证实；但我们也已经展示出，这类素材和梦的愿望之间的关系，等同于这类素材和白日残留思想之间的关系。我们也找不到任何理由去质疑梦可以如同幻觉那样阐释客观的感官刺激；但我们已经找到了如此阐释的动力，其他作家对此没有具体说明。这种阐释是如此进行的，即被感知到的对象不会打扰睡眠，并且可以用来满足愿望。特朗布尔·拉德似乎已经证实了睡眠期间感官的主观兴奋状态，尽管我们无法接受这种状态是梦的特定来源；但我们已经能够将其解释为是在梦背后运作的记忆的退行性复兴的结果。

内在官能感觉通常被认为是解释梦境的重点，我们的理论中也保留了其低微的一席之地。这类感觉，例如坠落、漂浮、受抑制，为梦的工作提供了予取予求的材料，只要梦的工作需要，它就可以利用这些素材来表达梦思。

关于意识对预先构建好的梦的内容的知觉，梦境过程是迅速或瞬间的，我们认为这一观点是正确的，梦境过程前面的部分似乎是一个缓慢而起伏的过程。我们已致力于解开梦的谜题，这个谜题包含了被压缩至最短时间的大量素材。我们认为，在这种情况下，问题在于如何获得心灵中已经建好的结构。

梦受到记忆的歪曲和残害，我们可以接受这一事实，但我们认为这并不构成障碍，因为这只从梦形成之初就开始运作的歪曲活动的最后部分，也是其最为明显的部分。

一个令人烦恼且明显不可调和的争论是，在夜间，心灵是在睡觉还是像白天一样控制着它的所有官能。我们发现争论的双方都正确，但也都不完全正确。我们已经找到了证据，即具有高度复杂的智力功能的梦思，几乎利用了心理装置的全部资源。然而，无可争议的是，这些梦思在白天形成，因此我们必须假设，心灵也有睡眠状态。因此，不完全睡眠理论甚至也有自身的价值，尽管我们发现睡眠状态的特征，并非在于精神联结的解体，而是在于白天控制睡觉愿望的精神系统的集中。在我们的概念中，退出外界这一因素仍然具有重要意义，尽管它并非唯一的决定性因素，但它使梦中的退行特征成为可能。有一点是毋庸置疑的，即放弃任意操控滔滔不绝的思绪。但是，这并未剥夺心理生活的所有目的，因为我们已经看到，在放弃自发的有目的观念后，非自发的有目的观念便可以接管指挥权。我们不仅接受了梦中随意的联想，而且我们已经证明，这种不受拘束联想的广度远超我们的想象。然而我们发现，这些随意的联想仅仅是合理及重要联想的必要替代。我们确实形容过梦是荒诞的，但许多梦例向我们展示出许多表面荒诞的梦实际上是多么合理。

关于梦的功能，大家的观点没有分歧。有一种观点认为，梦就像是心灵的安全阀，用罗伯特的话说，所有有害的东西在梦中都会变得无害。这种观点不仅与我们的理论一致——梦满足了双重愿望，而且我们比罗伯特更容易理解这一观点的措辞。我们的理论通过呈现一个事实，即前意识活动允许梦顺其自然，表明了在梦中心灵可以自由发挥其功能。例如“在梦中，心灵回到了胚胎的视角上”的说法，或哈弗洛克·埃利斯用来描述梦的话，即“一个由大量情感和不完善思想组成的初始世界”，这些话作为对我们的主张的愉快期盼，即梦的构建与白日被压抑的原始活动模式有关，令我们印象深刻。我们能完全接受萨利的论述，就好像这是我们自己写的一样：“我们的梦是保存这些相继人格的方式。当我们睡着的时候，我们又回到了曾经用来看待事物和感受事物的旧的方式上，回到了很久以前支配我们的那些冲动和活动上。”在我和德拉奇看来，被“压抑”的东西成了“梦的动力”。

我们已经充分认识到被他归为“梦的想象”的这一部分内容的重要性，以及谢尔纳对其解释的重要性，但我们不得不把这一部分内容转移到问题的另一个位置上。问题不在于梦创造了一种想象，而在于在构建梦思的过程中，想象的无意识活动占据了很大一部分。我们很感谢谢尔纳指出了梦思的这一源头，但几乎所有被他纳入“梦的工作”的东西，其实都可以归于白日的无意识活动。这些东西不亚于神经症症状，也是梦的诱因。而我们必须做出区分，将“梦的工作”视为一种截然不同的、含义更为狭窄的东西。

最后，我们绝不会抛弃梦和心理障碍之间的关系，而是在新的基础上，为它们建立更稳固的关系。

## 第二节

由于我们的梦的理论很新颖，它结合了早期研究者们极为多样且矛盾的发现，并使这些发现达成了更高的统一，因此在我们的结构中，我们可以为这些发现找到一席之地。其中有些发现已经被我们挪作他用，但我们也完全拒绝了少数几个发现。尽管如此，我们的理论大厦仍未完工。除了许多让我们陷入心理学的晦涩之处的令人费解的问题之外，我们似乎还被一个新的矛盾所困扰。一方面，我们假设梦思来自完全正常的精神活动；但另一方面，我们在梦思中发现了一些延伸到梦的内容中的相当反常的思维过程，然后我们在解梦的过程中又重复了这些过程。一切被我们描述为“梦的工作”的东西似乎都与我们所认识的理性思维过程背道而驰，以至于早期研究者们对梦中精神功能的低下所做出的严厉批判看起来完全合理。

也许我们只能通过进一步研究来在这个困境中找到启迪和帮助。我首先要提出一个可能使我们对梦形成的情况进行更仔细的检视的问题。

正如我们发现的那样，梦取代了一系列源自日常生活，且形成完整逻辑序列的思想。因此，我们能确定，这些思想源于我们正常的心理生活。思维序列中一切被我们高度重视的属性，以及令它们成为高级的复杂成就的特性，都重现在梦思中。然而，我们没有必要假设这种思维活动是在睡眠中进行的，因为这种可能性会严重混淆我们对睡眠中的精神状态的既定看法。相反，这些思想很可能源于前一天，它们可能从一开始就没有被我们的意识察觉到，并在睡眠开始时就已经完成了。于是，我们至多能得出这样一个结论，即这种情况证明了思想可以在没有意识协助的情况下完成其最复杂的成就——对任何一位癔症病人或强迫症病人进行精神分析都会让我们认识到这一事实。这些梦思本身并非不能进入意识，我们在白天意识不到它们的原因有很多。进入意识与运用某种特定的精神功能——注意功能——有关，这一功能似乎数量有限，它们可能会从一系列正在考虑的思想上转移到其他目的上。还有另一种使得这类思维序列不被意识到的方式。我们有意识的反思过程向我们展示出，我们在应用注意力时会遵循一条特定的路线。当我们遵循这条路线时，如果我们突然产生了一个禁不住批判的想法，那么我们就会中断这条路线——我们放弃注意力的投注。现在看来，那些在产生后被放弃的思维序列可以在不引起注意力投注的情况下继续自我拖延，除非思维序列在某个时刻达到极高的强度，迫使注意力再次转向它。因此，如果思维序列在一开始就被一种错误或不适于此思维目的的判断拒绝了（可能是有意识地），那么结果可能是，这一思维序列在不被意识到的情况下，继续运作到睡眠开始。

总而言之，我们把这一思维序列描述为“前意识”，我们认为它完全是理性的，它要么是单纯地被忽视了，要么是被中断并压制了。让我们坦率地补充解释一下我们是如何描述思维序列的发生过程的。我们相信，始于一个有目的的观念，一定量的兴奋（我称之为“投注能量”）沿着这个有目的观念所选择的联想路线被替换掉了。被“忽视”的那个思维序列没有得到这种投注，一个被“压制”或“否定”的思维序列则是被放弃投注能量的思维序列。在这两种情况下，它们都只剩下自身的兴奋。在特定条件下，一个带有投注目的的思维序列能够吸引意识注意到自己，并且借助意识获得过强的精神贯注。我们现在有必要解释对意识的本质和其功能的看法。

前意识中如此运作的思维序列要么会自动停止，要么会持续下去。我们将第一种结果描述成一种暗示，即附着在这条思维序列上的能量沿着从此思维序列辐射出来的所有联想路径扩散。这种能量使整个思想网络处于一种兴奋状态，此兴奋状态会持续一段时间，然后随着寻求释放的兴奋被转换成一种静止的投注能量而逐渐消失。如果第一种结果随之而来，那么就梦的形成而言，这个过程就没有更大的意义了。然而，还有其他带有目的的观念潜伏在我们的前意识中，它们源自我们的无意识和那些总是处于警觉状态的愿望。它们可以控制附着在那些被放任自生自灭的不同组别的思想上的兴奋，这些观念可以在其控制的兴奋和无意识愿望之间建立一种联系，并把属于无意识愿望的能量“转移”到其控制的兴奋上。至此，被忽视或被压制的思维序列就可以持续下去，尽管它得到的强化并不能让它进入意识。我们可以这样说：迄今为止处于前意识中的思维序列现在被“卷入了无意识”。

还有其他一些促使梦形成的情况。前意识的思维序列可能从一开始就与无意识的愿望联系在了一起，并可能因此受到居于主导地位的目的性投注的拒绝；或者某个无意识愿望可能因为其他原因（也许是出于躯体原因）而变得活跃，并竭力转移到前意识系统中未贯注的精神残留上，而非在半路上遇到这些残留。这三种情况最终都有相同的结果：一个思维序列进入了前意识，它没有得到前意识的投注，但是从某个无意识愿望那里得到了投注。

从这一点开始，思维序列经历了一系列不再被我们认为是正常精神过程的转变，而且这些转变带来了一种令我们困惑的结果，即一种精神病理结构。我将列举这些过程并对它们进行分类。

（1）单个观念的强度足以使它们完全释放，并且在各个观念之间传递，以至于某些观念被赋予了巨大的强度。由于这个过程会重复多次，因此整个思维序列的强度最终可能会集中到单个观念元素上。这就是我们所谓的“压缩”或“凝缩”的实例，我们在梦的工作中已经熟悉了这一点。这就是梦留给我们的印象是令人困惑的一个主要原因，因为我们在心理生活中找不到任何已知的、正常的、意识可触及的、类似于梦一般的存在。在正常的心理生活中，我们也会发现，作为整个思维链条的节点或是结局的观念，具有很高的精神意义；但是它们的意义完全没有被任何从感官上来说对内在知觉而言非常显著的特征来表达。由于它们的精神意义，这些观念的知觉表现不会在任何方面更为强烈。与此同时，在凝缩过程中，每一种精神联结都可以转化为其观念性内容的一种强化。这就好比，在准备出版一本书时，一些对理解文本尤其重要的词句，我会加之以空格或是用粗体表示；如果是在演讲中，我会减缓语速、加大音量、特别强调地说出同一个词。艺术史学家们也提出了一个引起我们关注的事实，即最早期的历史雕塑遵循一个相似原则：用雕塑的尺寸来体现雕塑对象的地位。国王的雕像的尺寸可能是他侍从的雕像或被其击败对手的雕像的两到三倍。一件罗马时代的雕塑会用一种更微妙的方式取得同样的效果。皇帝的雕像会挺拔地立在中间，且塑造得非常细致，而他的敌人则会拜倒在他脚下。如今，下级对上级的鞠躬，正是对这种古老原则的呼应。

梦境过程中的凝缩的方向，一方面取决于梦思的理性前意识关系，另一方面取决于无意识中的视觉记忆所施加的吸引。凝缩活动的结果就是得到强行进入知觉系统的强度。

（2）此外，由于强度可以自由转移，因此在凝缩的支配下，类似于妥协的“中间观念”被建构起来（参看我给出的无数例子）。这在正常的观念链条中（即将主要压力强加在对“正确”观念元素的选择和保留上）是闻所未闻的。当我们试图用言语表达前意识观念时，合成结构和妥协频繁出现。于是，它们就被认为是“口误”。

（3）彼此转移强度的观念处于极为松散的相互关系中。这些观念与某种受到我们正常思想鄙视的、被贬低为笑话的联想连接在一起。尤其是，我们发现那些基于同音异义词汇或相似言辞的联想与其他联想被视为具有等同价值。

（4）相互矛盾的思想不会互相抵消，而是共存。它们经常结合在一起形成凝缩，仿佛它们之间没有矛盾，或者说达成了妥协。比如我们的意识思维绝不能容忍的东西，经常被我们的行动所接受。

以上这些便是之前理性构造的梦思在梦的工作过程中所经历的异常种种中最惊人的部分。我们发现，这些过程的主要特点在于让那些投注能量变得灵活，并能够释放；而这种投注能量所附着的精神元素，其本身的内容和意义则被视为是无关紧要的。于是我们可以假设，凝缩和妥协的形成只是为了促进这种退行，即把思想转化为形象。但是，对梦的分析（更多的是一种演绎推理）并不包含这种退行至形象的过程。

因此，我们必须做出结论，梦的形成涉及两种有根本差异的精神过程。一个产生了理性的梦思，这种梦思如同正常思维那般符合逻辑；而另一个则用一种极为令人困惑且不理性的方式处理了这些梦思。我们已经在前文将第二种精神过程视为梦的工作本身，那么我们现在要如何阐明它的来源呢？

## 第三节

如果我们在对神经症心理的研究，尤其是癔症的研究上毫无进展，那么我们就不可能回答这个问题。我们已经从中发现，同样的非理性精神过程，以及一些我们尚未具象化的过程，控制着癔症症状的产生。在癔症中，我们也会碰到一系列绝对理性的思想，这些思想与我们意识中的思想同样符合逻辑。然而一开始我们完全不知道它们以此种形态存在，我们只能在之后重构出这些思想。如果这些思想在某一刻强行引起我们的注意，那么通过分析这些思想产生的症状我们便会发现，这些正常思想也得到了异常的处置：它们通过凝缩和形成妥协的方式，通过肤浅联想和忽视冲突，通过退行，转化成了症状。鉴于梦的工作的特征与导致精神神经症症状的精神活动的特征完全一致，我们有理由把从癔症那里得出的结论延伸到梦上。

同样，我们可以从癔症的理论中借用这样一个论点：

如果一个源于幼年，并处于压抑状态下的无意识愿望转移到了一系列正常的思想上，那么这一系列思想只能接受这类异常的精神处置。根据这个论点，我们便可以基于一个假设建构出我们的梦理论，即为梦提供动力的梦的愿望一定源于无意识。我接受这个假设，但是这个假设并不一定普遍地成立，尽管它也不能被证伪。为了解释我们多次使用的术语，即“压抑”一词的含义，我们有必要进一步搭建我们的心理学脚手架。

我已经探索了虚构的初始精神装置，这种装置的活动受到了调节，这些调节首先是为了避免兴奋的积累，并且是一种为了维持自身而尽可能排除任何兴奋的努力。因此，这个装置建立在反射装置的雏形上。运动能力首先是一种带来身体内部交替的方式，因此它可以任意支配释放的路径。我们继续讨论了“得到满足的经历”的精神结果，由此我们加入了第二个假设，即兴奋的积累（有多种方式，但这不是我们讨论的重点）令人感到不悦，这种积累使初始的精神装置为了重复得到满足的经历而运转起来，这种经历包含着兴奋的减少，并令人感到愉悦。结构中从不悦开始，以愉悦为目标的这种趋势，被我们称为一个“愿望”。我们曾断言，只有愿望能够让此装置运转起来，因此兴奋过程会自动受到愉悦感和不悦感的调控。最初的愿望似乎就是对得到满足的记忆的一种幻觉性投注。然而，如果不能把这种幻觉性投注维持到其衰竭的时候，那么事实证明这种幻觉不足以制止对愿望满足所附带愉悦感的渴求。

第二种活动，或者如我们所言，第二个系统中的活动，变得必要起来，它不允许记忆占到知觉的领地，并因此约束精神力量。相反，它分散了沿着迂回路径上的需求所激起的兴奋，最终通过主动运动的方式改变了外界，以至于我们能够获得对那些我们感到满足的对象的真正知觉。我们已经勾勒出了精神装置的示意图像，在成熟的装置中，这两个系统就是我们所谓的无意识系统和前意识系统的雏形。

为了有效地利用运动能力去改变外界，在记忆系统中积累大量经验，在记忆素材中积攒大量被不同目的性观念唤起的永久的联想是必要的。于是我们可以将我们的假设推进一步。第二个系统的活动持续地摸索自身的路径，反复地送出并撤回一些投注，一方面它需要拥有完整的任其自由支配的记忆材料；而另一方面，如果它沿着各种思路送出大量投注，出于无用的目的耗尽了投注能量，导致可以用来改变外界的投注能量被缩减，那么这将是一种不必要的能量支出。因此我推测，为了提高效率，第二个系统将主要的投注能量保持在静止状态，只将一小部分用于梦的转换。这些过程的机制对我而言是未知的。任何想严肃看待这些观点的人，都不得不寻求这些观点的物理类比，并且找到一种方式来描绘这种伴随着神经元兴奋的运动。我所坚持的是这样一个观点，即 Ψ 系统的活动旨在确保兴奋量的自由释放，而第二个系统通过其投注的能量，成功抑制了这种释放，并将投注的能量转为静止状态，同时无疑也提升了投注的层级。因此我推测，在第二个系统的掌控之下，兴奋的释放受到另一个机制的控制，这个机制与受第一个系统掌控的机制完全不同。一旦第二个系统结束了其探索式的思想活动，它将放开对兴奋的抑制和阻碍，并允许它们在运动中释放。

如果我们思考第二个系统对释放的抑制，与不悦原则做出的调整之间的关系，那么就可以得到一些有趣的见解。我们来探究一下得到满足的原始经历的对立面，即所谓的外在恐惧的经历。让我们假设，初始装置受到了一种知觉刺激的冲击，这种刺激正是痛苦刺激的源头。那么随之而来的则是不协调的运动表现，直到其中一个知觉刺激撤出初始装置，同时也把装置从痛苦中撤回。如果这个知觉再次出现，那么不协调的运动表现也会再次出现（也许是一种逃避运动），直到这种知觉再次消失。在这种情况下，无论是幻觉还是其他任何方式，都不会倾向于朝着痛苦来源的知觉进行再次投注。相反，如果发生了任何事情使人回想起了对痛苦记忆的印象，那么初始装置会有立即抛弃这种印象的倾向。因为，如果这种印象带来的兴奋过量地涌入了知觉，那么这会激起不悦感（或者更准确地说，会开始激起不悦感）。对痛苦记忆的逃避仅仅只是对曾经逃离知觉的重复。一个事实也促进了对痛苦记忆的逃避，即记忆与知觉不同，记忆的特质不足以激发意识，因此它只能把新近的投注吸引到自身之上。精神过程对痛苦记忆规律且毫不费力的逃避，向我们展现了精神压抑的原型和最初范例。一个为人熟知的事实是，对痛苦的逃避（即鸵鸟政策）也常见于成人的正常心理生活。

不悦原则的结果就是，第一个 Ψ 系统完全无法将任何令人不悦的内容带入其思想内容。它能做的只能是愿望。如果这种情况持续下去，那么第二个系统的思维活动便会受到阻碍，因为它们需要自由使用所有记忆。现在，两种可能性出现了。要么第二个系统的思维活动完全摆脱了不悦原则，并可以在不受痛苦记忆干扰的情况下持续下去；要么思维活动就要找到一种方式投注那些痛苦记忆，而这种方式可以让思想活动避免释放不悦感。我们可以忽略第一种可能性，因为不悦原则必然像调节第一个系统一样，调节第二个系统中的兴奋过程。结果我们只剩下第二种可能性，即第二个系统以抑制释放的方式投注这些痛苦记忆，因此也包括向着增加不悦感的方向上抑制释放（类似运动感觉）。因此，我们可以从这两个方向上得出一个假设，即第二个系统的投注意味着其同时伴有对兴奋释放的抑制——我们出于不悦原则和运动感觉的最低消耗原则得出了这个假设。让我们牢记这个假设，因为这是整个压抑理论的关键：第二系统只有在能够抑制从观念中产生的不悦情绪的情况下，才能投注这个观念。两个系统都触及不到任何能逃过这种抑制的东西，因为依照不悦原则，这些东西会立刻被抛弃。然而，对不悦的抑制并不一定完全：不悦在一开始是被允许的，因为这样一来第二个系统才能了解与不悦有关的记忆的本质。

我打算这样来描述精神过程，第一个系统本身可以被称为“主要过程”，而由第二个系统施加的抑制而产生的过程，则是“次要过程”。

正如我所展示的那样，还有另一个原因使第二个系统必须去修正主要过程。主要过程努力让兴奋得到释放，以便在积累起的兴奋的帮助下，建立“知觉一致性”。然而，次要过程放弃了这个意图，并将此意图替换成了另一个意图，即建立“思想一致性”。一切思想只是一个回路，回路的一端是得到满足的回忆（作为目的性观念被采纳），另一端是同一段记忆的相同投注（我们希望通过运动经验的过渡阶段再次获得的记忆）。思想必须在不被各种观念的强度引入歧途的情况下，去关注观念之间的连接。但是，很明显的一点是，观念的凝缩、过渡结构、妥协结构，都必然会阻碍思想达成一致性。由于它们用一个观念替代了另一个观念，导致对前一个观念延伸出的路径的偏离。因此，这类过程在次要思维中是被小心避免的。我们也很容易发现，在其他方面为思维过程提供了重要路标的不悦原则，也给“思想一致性”的建立带来了困难。相应的，思想必定更加努力地摆脱不悦原则对它独有的约束，并且将思维活动中的情感限制到能作为情绪信号的最低程度。通过意识带来的进一步的精神贯注，思想致力于实现这种更微妙的功能。然而，我们很清楚，即使在正常的心理生活中，这一目标也很少能完全实现，我们的思想总是由于不悦原则的干扰而遭到篡改。

然而，这并非我们的心理装置在功效上的差距，我们的心理装置使得那些表明自己是次级思维活动产物的思想，屈服于主要精神过程——这就是我们现在可以用于描述梦境和癔症症状的思维活动的原则。这种效率低下源于发展历程中的两种因素的融合。其中一个因素完全转移到了心理装置上，而且对两个系统的关系产生了决定性的影响，而另一个因素使自己受到了不同程度的影响，并将源于有机体的本能力量引入了心理生活。这两个因素都源于童年，而且是我们自幼年起便经历的各种身心改变的沉淀物。

当我将发生在精神结构中的一个心理装置描述为“主要”过程时，我所考虑的不仅仅是一种相对的重要性和有效性，我也意在给出一个能显示其在时间进程上的优先性的名字。正如我们所知，不存在只拥有主要过程的精神装置，而且这类精神装置在某种程度上也只是一种理论设想。但是，事实是主要过程一开始就在我们的心理装置中出现了，而次要过程只在生命过程中展开，并抑制和覆盖主要过程；而且直到生命的壮年时期，次要过程才能实现完全的掌控。由于次要过程出现得较晚，因此我们存在的核心，即由无意识愿望冲动组成的核心，依然是不可理解的，也是前意识不可抑制的，而前意识被一劳永逸地限制在最适宜从无意识中产生愿望冲动的路径上。这些无意识愿望对所有后来的心理趋势都施加了一种强制力，这些心理趋势不得不屈服于这种力量，或者它们也许会努力偏离这一路径，追求更高的目标。次要过程较晚出现的另一个结果是，前意识投注接触不到大范围的记忆素材。

在这些源自幼年，既不能被毁灭也不受抑制的愿望冲动中，有些愿望的满足可能有悖于次要思想的目的性观念。满足这些愿望不再会产生愉悦感，反而会产生不悦感，而且正是这种情感的转化构成了我们所谓的“压抑”的本质。压抑的问题就在于这种转化是如何发生的，动力是什么。

我们只需在此浅谈这个问题。足够清楚的是，这种转化的确在发展过程中发生了（我们可以回想最初并不存在于婴儿生活中的厌恶感在童年出现的样子），而这种转化与第二个系统的活动有关。前意识系统永远接触不到无意识愿望引起的感情释放的记忆，结果就是，这些感情释放不能被抑制。正是由于这种情感的产生，即便是那些曾得到由观念转移来的愿望力量的前意识，也接触不到这些观念。相反，不悦原则控制了前意识系统，并使它离开这些移情思想。这些思想被放任，自行“压抑”，因此一开始被阻止进入前意识系统的儿时记忆，成了压抑的必要条件。

在最为有利的情况下，随着无意识中的移情思想放弃投注，不悦感不再产生。这个结果说明，不悦原则的干涉曾服务于一个有用的目的。但是，当受压抑的无意识愿望得到有机体的强化，而有助于其移情思想，还可以使无意识愿望伴随着自身的兴奋去渗透时，一种防御性的斗争就会出现（前意识系统强化了对受压抑愿望的抵抗，换言之这导致了一种“反投注”），即使无意识愿望失去了来自前意识系统的投注。移情思想成了无意识愿望的载体，它通过制造症状以妥协的形式冲破阻碍。但是，从无意识愿望强烈投注受压抑思想，且前意识放弃投注受压抑思想的那一刻开始，这些思想就受制于主要精神过程了，而且它们的目标之一就是靠运动释放，或者用幻觉恢复渴求的知觉一致性——如果这条路行得通的话。我们已经靠经验发现，我们所描述的非理性过程只能发生在思想受压抑的情况下。现在，我们可以稍微前进一步，去看看整个过程。精神装置中发生的非理性过程是主要过程。当某些观念被前意识投注所抛弃，并充满了一些来自前意识的能量时（这些能量不受抑制，正竭力寻找释放途径），那么非理性过程就会出现。另一些观察结果也支持这个观点，即这些所谓的非理性过程其实并非对正常过程的篡改——智力错误（intellectual error），而是精神装置的一种不受抑制的活动模式。因此，我们发现前意识兴奋转化为运动的过程，也受到非理性过程的控制，而前意识观念与词汇的连接也能很好地展现出之后会被归因于粗心大意的这种转换和混乱。最后，有证据表明，当这些功能的主要运作模式遭到抑制时，活动的增加就变得必要。而证据是这样一个事实：我们制造了喜剧效果。换言之，如果我们允许这些思考模式强行进入意识，那么我们就制造了必须在笑声中释放的多余能量。

## 第四节

精神神经症的理论作出了一个毋庸置疑的断言，即只有在成长期经受了压抑（也就是情感转化）的幼儿期性愿望冲动，能在之后的成长期复苏，并且因此对形成各种精神神经症症状的动力产生促进作用。我们只有通过参考性力量（sexual force），才能减少压抑理论中依旧明显的漏洞。我要留下一个未决的问题，即这些性因素和幼儿期因素是否对梦的理论来说也是必要的。至此，我要让这个理论停留在不完美的状态，因为我已经超越了这个假设（梦的愿望必定来源于无意识）能阐述的内容了[①]。另外，我也没有提议进行进一步的研究——精神力量在梦的形成中扮演的角色与精神力量在癔症症状中扮演的角色的本质性区别，我们仍旧缺乏足够精准的知识来做出比较。

然而，还有一点我很重视。我必须承认，仅因此一点，我在此进行了所有的讨论，包括两种精神系统，其活动方式，还有压抑方式。现在的问题无关乎我是否对我们所关心的心理因素形成了大致正确的看法，也无关乎我对这些因素理解是否歪曲、是否全面（在面对如此复杂的内容时，这种情况很可能发生）。不论我们对精神审查机制的理解，对梦中内容做出的或理性或反常的修正的理解有多少种变化，有一点总是正确的，这类过程总是在梦的形成中起作用，而它们在本质上，与在癔症症状形成中观察到的过程极为类似。然而，梦并不是病理现象，它以不扰乱精神平

---

① 我在此处其他地方都曾故意在对主题的处理上留下空白，因为一方面填补这些空白需要付出太大的努力，另一方面我必须依靠与梦这一主题无关的材料。例如，我没有说明我是否赋予“被压制”和“被压抑”这两个词不同的含义。然而，应该清楚的是，后者比前者更强调对无意识的依附。我也没有讨论一个非常明显的问题，即为什么梦思会受到审查机制的歪曲，甚至在它们放弃了通往意识的前进路线，反而选择了退行的情况下。我还有很多类似的遗漏。我急于想让人们对梦的工作的进一步分析会导致哪些问题留下印象，并暗示进一步的分析会涉及哪些主题。对我来说，要决定在什么时候中断我的阐述，并不总是容易的。为何我没有详尽解释性观念在梦中起到的作用，为何我避免分析明显含有性内容的梦，我有一些有悖于读者期望的特殊理由。我的观点，还有我在神经病理学中持有的理论观点，都与一个看法背道而驰，即性生活是可耻的。——原注

衡为前提，它不会造成效率损失。有人可能会说，从我或我病人的梦中无法得出任何关于正常人梦境的结论；但我认为，这是一个可以放心忽略的反对意见。那么，如果我们可以对他们进行反驳——从现象到他们的动机，我们必须认识到，神经症所运用的精神机制并非是由病理性错乱给心灵造成影响后形成的，相反这种机制早已存在于心理装置的正常结构中。这两个精神系统、对两系统间通路的审查、一种活动对另一种活动的抑制和覆盖、两个精神系统与意识的关系，所有这些都是我们心理器械正常结构的一部分（不论对这些被观察到的事实是否有更为正确的解释），而梦则是我们理解这一结构的一个途径。如果我们把自己局限于有把握的有限新知识上面，那么，对各种梦我们仍然可以说：这些新知识已经证明，被压抑的东西不仅存在于非正常人身上，也存在于正常人身上，并且仍然能够发挥其精神功能。梦本身就是这种被压抑素材的表现形式之一，从理论上讲，每个案例都是如此，至少在许多案例中都可以凭经验观察到，尤其是在那些极为清晰地展示出梦境生活令人惊讶的特点的案例中。在清醒生活中，心灵中被压抑的素材无法得到表达，并且由于这些素材中存在的冲突被消除了，即一方被另一方处理了，它们与内在知觉断绝了往来；但在夜间，在形成妥协的动力的推动下，这类被压抑的材料找到了强行进入意识的方法和手段。

如果我不能改变天堂，那么我便撼动地狱。[①]

① 此句来自古罗马诗人维吉尔（Virgil）的《埃涅阿斯纪》。

梦的解析是理解心灵中无意识活动的王道。通过对梦的分析，我们便可以进一步理解所有精神器械中最为精妙、最为神秘的组成部分。毫无疑问，这只是一小步，但却是一个开始。而这个开始，让我们在其他病理性结构的基础上，进一步分析。对于疾病——至少是那些被正确命名为“功能性”的疾病，我们不能预先假设装置的解体，或其内部产生的新的分裂。这些疾病必须基于其动态来解释，即通过各个组成部分或加强或减弱的相互作用力来解释。当器械的各功能正常运转时，这些组成部分之间的许多相互作用力是隐藏的。我希望能在他处展示出，这两个思想构建机构组合而成的装置如何使正常心灵比在单个机构组成的装置下更加精巧地运作。[①]

---

① 梦并不是唯一能让我们发现心理学中的精神病理学基础的现象。在一系列尚未完成的短篇论文中，我试图将许多日常生活现象作为此结论的证据。这些内容以及有关遗忘、口误、笨拙的行动的其他论文，后来被收集为《日常生活的精神病理学》。——原注

# 第 九 章

# 无意识与意识——现实

# 第一节

仔细思考就会发现前文中的心理学讨论让我们假设的，并非是在装置的运动端存在着两个系统，而是在那里存在着两种兴奋过程或是兴奋的释放模式。这两者对我们来说是一样的，因为如果我们发现了更接近现实的东西，我们就必须时刻准备好放弃我们的概念“脚手架”。一旦我们从最字面、最未经修饰的意义上把这两个系统理解为心理装置中的两个地点，那么一些概念就会引起误解。因此，让我们试着修正这些可能引起误解的概念吧（它们在“去压抑”和“强行进入”的说法里留下了蛛丝马迹）。我们可以说无意识思想试图在前意识中表达自己，以便能够强行进入意识。“强行进入意识”必须严格地区别于“改变地点”。再说一次，我们可以说前意识思想被压抑或驱逐，然后被无意识接管。一套有关争夺地盘的想法的形象让我们这样假设，即一个表面上的真相是，一个地方的一个精神团体已经终结，并被另一个地方的一个新的精神团体所取代。让我们用更符合实际的东西来代替这些隐喻吧。让我们说，一些特定的精神团体已经投注了自身附着的能量，或者脱离了这些能量，以至于我们正在论述的结构受到了特定机构的支配，或者脱离了这个机构的支配。在此，我们再一次用一种动态的方式取代一种地形化的方式来表述事物。我们认为并非精神结构本身在活动，而是其运动感觉在活动。

不过，我认为继续利用这两个系统的象征形象是合情合理的。只要我们记得，观念、思想、通常的精神结构永远都不能被定位在神经系统的某个构造元素上，反之，这些元素之间的阻抗和促进（即神经促进）可以带来相应的关联，那么我们就可以避免对这种表达方式的滥用。任何可以成为我们内在知觉对象的事物都是虚拟的，就像光线通过望远镜形成的虚像。但是，我们依旧有理由假设系统的存在（它们本身绝不是精神实体，也绝不可能进入我们的精神知觉），就像那个可以投射出虚像的望远镜的镜片。如果我们继续使用这个类比，那么我们可以将两个系统之间的审查机制，比作光线通过一个新介质时发生的折射。

至此，我们已经从心理学的角度做出了我们自己的阐述。现在是时候来考虑一些主导当今心理学理论的观点，并检视这些观点与我们的假设之间的关系。用利普斯颇具说服力的话来说，心理学中的无意识问题与其说是一个心理问题，不如说是一个关于心理学本身的问题。只要心理学通过在口头上将“精神”解释为“意识”，并以“无意识精神过程”明显是胡说八道的方式来解决这个问题，那么医生们想通过对异常精神状态所做的观察得出心理评估，是根本办不到的。只有当医生和哲学家们都发现，“无意识精神过程”这个术语“合情合理地描述了确凿的事实”时，他们才能走到一起。当医生确认“意识是精神的不可或缺的特性”时，他只会耸耸肩；但如果他对哲学家们的话足够尊重，那么他可能会推测，他们所讨论的并非同一件事，所从事的也并非同一门科学。这是因为，只要对神经症患者的心理生活进行过观察并试图理解它，哪怕只有一名，或者只对一个梦做过分析，这位医生都会坚定地相信，最复杂、最理性的思维过程（不可否认也是一种精神过程）可以在不激起任何主体的意识的情况下出现。的确，在无意识过程对意识产生了某些可被传达、可被观察的影响之前，医生无法认识到这些无意识过程。但是，这种意识影响也展现出了一种与无意识过程完全不同的精神特征，于是内在知觉可能将混淆这两者。医生必定可以自由地从这种意识影响推测出无意识精神过程。因此，他会发现意识影响只是无意识过程的一种遥远的精神结果，而后者还未被意识到。此外，即便后者没有背离自身的存在而进入意识，它依然存在于此，并起作用。

在获得任何关于精神来源的正确认识之前，最重要的是放弃高估“被意识到”所需的性质。用利普斯的话来说，无意识必须被假设为精神生活的普遍基础。无意识是一个更大的领域，其涵盖了意识这个更小的领域。一切意识中的事物都有其无意识的最初阶段，而无意识则可以停留在那个阶段，然而意识却自称具有精神过程的全部价值。其实，无意识才是真正的精神现实，其最深层的本质就像外界的现实一样，对我们来说是完全未知的，而且我们的意识数据不完整地呈现了无意识，就像我们的感官传递给我们不完整的外界。

现在，由于无意识精神现实的建立，意识生活和梦境生活之间长久的冲突，已经缩减到了适当的比例，很多早期研究者所关注的梦的问题都失去了意义。因此，在梦中取得成功且令人惊讶的某些活动现在不再归功于梦，而是归功于无意识思维，这种思维在白天和晚上都是活跃的。如舍尔纳所言，梦致力于用符号来象征身体，那么现在我们知道，这些象征只是某种无意识幻想（可能源于性冲动）的产物，这些无疑是幻想的东西不仅在梦中得到了表达，也在癔症性恐惧症和其他症状中得到了表达。如果一个梦延续了白天的活动，完成了这些活动，甚至揭露出了新观念，那么我们要做的便是撕开梦的伪装，这些伪装即是梦的工作的产物，也是心灵深处那模糊力量在起作用的标志。智力上的成就也可以归功于同一种心理力量，这种力量在白天也带来了类似的结果。我们可能倾向于高估智力成果和艺术成果的意识特征。那些最具生产力的人，比如歌德和赫尔姆霍兹向我们展现出，他们创作中最核心、最新颖的东西，并没有经过深思熟虑，而是几乎作为一个现成的整体来到了他们的脑海中。或许在其他创作中，各种智力官能都需要派上用场，意识活动也起到不少作用，这也没有什么奇怪的。但是，意识活动蒙蔽了我们的眼睛（不管它起了什么作用），让我们看不到其他各种精神活动的存在。

即便我们将梦的历史意义作为一个单独的主题来讨论，麻烦也不会减少。一个梦可能会促使某位首领开始一项大胆的事业，这些事业的成功可能会改变历史。只要在相对于其他更熟悉的心灵力量时，梦被视为某种异在力量，那么这就会带来一个新的问题；如果梦被视为某种冲动的表达形式，这种冲动白天受到阻抗的压迫，但夜晚就会从深层的兴奋源那里得到强化，那么类似的问题就不会出现。然而，在古代，人们对梦的尊重基于一种正确的心理学洞见，基于对人类心灵中那种不受控且不可毁灭的力量的敬畏，也基于对

“似魔鬼般”的力量的敬畏，这种力量制造出梦的愿望并在无意识中运作。

“我们的”无意识并不是随口一说，因为我描述的无意识不同于哲学家们甚至是利普斯所说的无意识。他们仅仅用这个术语指代意识的反面——他们热烈争论并竭力捍卫的观点在于，除意识之外，还存在着无意识精神过程。利普斯的观点进一步推动了事情的发展，即精神上的所有东西都无意识地存在，其中有一部分也存在于意识之中。然而，我们召唤出梦的现象和形成癔症症状的现象并不是为了证明这一观点。对正常清醒生活的观察已足以证明这一观点是毋庸置疑的，通过对精神病理结构，和对精神病理结构的其中一种——梦——进行分析，我们获得的新发现在于，无意识（即精神上的东西）是两个独立系统的一种功能，不管是在正常生活中还是在病理性生活中，皆是如此。因此，有两类无意识存在着，心理学家们迄今还未对此作出区分。两者从心理学意义上讲都是无意识的，但是对我们而言，我们将其中一者称为无意识系统，它同样是不被意识所接受的，我们把另一者称为前意识系统，因为这一系统中的兴奋是可以进入意识的（在观察到某些规则之后，或者在通过了新的审查机制之后，尽管与无意识系统无关）。为了进入意识，兴奋必须通过固定的一系列或层级式的机构（这一点体现在审查机制对这些兴奋所做的各种修改中），这一事实能让我们在空间上做类比。通过阐述前意识系统就像立在无意识系统和意识之间的屏障，我们已经描述了两个系统之间的关系，以及两系统与意识的关系。前意识系统不仅仅阻碍了进入意识的路径，它同时也控制着通往自主运动力量的路径，而且它还能支配流动的投注能量，其中一部分能量以注意力的形式为我们所熟知。

另外，我们也必须避免区分“超意识”（supraconscious）和“下意识”（subconscious），这种区分在近来的精神神经症文献里变得越来越流行，因为这种区分似乎恰到好处地强调了精神上的东西与意识是等同的。

## 第二节

曾经无所不能，衬得他物黯然失色的意识在我们的蓝图中还能起到什么作用呢？只能是一个对精神特质产生知觉的感官？根据我们试图描绘的蓝图中所隐含的理念，我们只能将意识知觉（conscious）视为一个适用于某特定系统的功能，我们用 Cs 这个缩写来描述这个系统似乎是合适的。从机械属性的角度来说，我们将其视为一个类似于知觉系统的系统，它因此具有容易被激起兴奋的特质，但是无法保留变化的痕迹，也就是说，这个系统并没有记忆。Cs 系统的感官面向外界的心理装置时，其本身对于 Cs 系统的感官而言就是外部世界，其目的论的依据也就在于此。在此，我们再次遇到了层级机构原则，这一原则似乎掌控了装置的结构。兴奋素材从两个方向流入 Cs 系统的感官：一边从知觉系统流入 Cs 系统，知觉系统的兴奋靠定性判定，其兴奋在被意识到之前，很可能要服从新的修改；一边从装置的内部流入 Cs 系统，当装置中的量化过程遭到特定的修改时，此量化过程就会被认成是一个走向意识的，由快乐至痛苦的定性系列。

有些哲学家已经注意到，理性且高度复杂的思维结构在没有意识参与的情况下也是可以存在的，于是这些哲学家很难给意识分配任何功能。在他们看来，意识仅仅完成精神过程的多余映像。另外，Cs 系统和知觉系统之间的类比，把我们从这种窘境中解救了出来。我们知道感官的知觉可以使注意力的投注沿着新来的感官刺激扩散的路径进行：知觉系统的定性刺激调节了心理装置中活动的兴奋释放量。我们可以把同样的功能归给 Cs 系统上层的感官。通过感知新的定性，Cs 系统为引导和以最合适的方式重新分配活动的投注量做出了新的贡献。通过它对愉悦和不悦的知觉，Cs 系统影响了精神系统中的投注过程，否则这些投注只是无意识装置通过转换活动的投注量取得的操作。在第一种情况下，不悦原则看似可以自动调节投注的转换。但是，对这些定性的意识很有可能额外引入第二种或更多的更具区别性的调节，这些调节可能与第一种调节冲突，并通过让装置（与其最初的计划相反）投注，解决那些与释放不悦相关的问题来提高整个装置的效率。我们从神经症的心理中认识到，这些由感官的定性刺激带来的调节过程，在装置的功能性活动中起到了很大的作用。主要的不悦原则对效率的自动控制，以及由此产生的对效率的限制，都被依次开始自动运转的调节感觉的过程打断了。我们发现，压抑（尽管其最初服务于一个有用的目的，但最终给抑制和精神控制带来了毁灭性的损失）

比知觉更容易影响记忆，因为前者无法从精神感官的刺激那里得到额外的投注。一方面，一个被避开的思想因为受到了压抑，所以不能进入意识；但是另一方面，有时这类思想受到压抑只是因为它由于其他原因而被撤出了意识知觉。我们可以将这里出现的一些线索运用到治疗过程中，以便消除那些已经在起作用的压抑。

Cs 系统的感官的调节为活动的兴奋释放带来过强的精神贯注，一个事实可以更好地说明它的价值。这个事实就是它创造了一系列新的定性，导致了一个新的调节过程，而这个新的调节过程正是人类相较于动物的高级之处。思维过程本身并没有定性，伴随着思维过程而产生的愉悦和不悦的刺激除外。由于这些刺激对思想有干扰作用，因此它们必须受到限制。为了让思维过程获得定性，人类把思维过程与语言记忆联系了起来，这些记忆所残留的定性刺激足够吸引意识的注意，也能带给这些思维过程一种来源于意识的新的活动投注。

只能通过分析癔症的思维过程来理解关于意识的多种多样的问题。这些问题给了我们一个印象，即从前意识到意识投注之间的过渡，也是一种类似于无意识系统和前意识系统之间的审查机制的东西。同样的，这种审查机制只有在达到一定量以后才能起作用，因此低强度的思维结构可以逃避这种机制。一个思想是如何被意识扣留的，一个思想又是如何在受限的情况下强行进入意识的，我们在精神神经症现象的范畴中可以找到各种案例，这些案例都反映出，审查机制和意识之间存在着一种紧密且相互的关系。我会报告两个这类案例来结束这部分的心理学见解。

我曾应邀参加了一次会诊，检查一位很聪慧、看起来很坦率的女孩。她的穿着非常令人惊讶。因为按照惯例，女人会一丝不苟地考虑到穿着上的各种细节，但她脚上一只长袜向下垂着，衬衫上的两个纽扣也没扣好。她抱怨自己腿疼，接着在无人要求的情况下，她主动露出了小腿。但是，用她自己的话说，她的主要疾病是，她的身体有一种感觉，好似有什么“前后移动”的东西“卡在里面”，并一直在“摇晃”她——有时她的整个身体都感到“僵硬”。当时在场的一位从医的同事看着我——他不难理解这位女孩抱怨的意思。但让我们两人都感到惊讶的是，病人的母亲认为这些症状毫无意义。女孩自己也不知道她说的话意味着什么，因为如果她知道的话，她就不会说出来了。在这种情况下，审查制度有可能被蒙蔽，让一个通常保留在前意识中的幻想伪装成无辜的抱怨，并进入意识。

还有另一个例子。一名十四岁的男孩来找我做精神分析治疗，他患有半面痉挛、癔症性呕吐、头痛等。在他保证会告诉我他在闭上眼睛以后看到的所有画面和想到的观念以后，我开始了治疗。他用画面回应了我。他脑海中浮现出记忆中来找我之前的最后印象。他一直在和他的叔叔玩国际跳棋，而且他看到了他面前的棋盘。他想着各种有利或不利的棋局，以及绝不能动的棋子。然后他看到棋盘上放着一把匕首，这是他父亲的东西，但他通过想象，把匕首放在了棋盘上。接着，棋盘上出现了一把镰刀，再后来出现了一把长柄大镰刀。最后，一幅画面出现了，病人遥远的家门前，一位老农在用长柄大镰刀割草。几天后，我发现了这一系列画面的意义。这个男孩由于不愉快的家庭状况而感到难过。他的父亲是个强硬的人，容易发怒，他与病人母亲的婚姻十分不幸，而他的教育方式就是威胁。他父亲那时已经和他母亲——一个温柔而深情的女人——离婚，并且再婚了。有一天父亲带了一个年轻的女人回家，这个女人即将成为男孩的继母。几天以后，这位十四岁男孩的病发作了。他对父亲压抑的愤怒构成了这一系列带有可理解性暗示的画面。这些画面的素材源自对神话的回忆。那把镰刀正是宙斯用来阉割他父亲的，长柄大镰刀和老农的画面代表着克罗诺斯，这个残暴的老人吞食了他的孩子，因此宙斯不孝地对他进行了报复。很久以前，因为男孩玩弄了他自己的生殖器，他的父亲责备并威胁了他。父亲的婚姻给了男孩一次报复的机会。在这种情况下，长期被压抑的记忆及其在无意识中的衍生物，通过一些明显无意义的画面以迂回路径溜进了意识中。

## 第三节

因此，我要从梦对心理学知识的贡献中，从梦初步阐明的精神神经症的问题中，寻求梦的理论价值。由于我们目前获得的知识已经能让我们对可治愈的精神神经症进行有效的治疗，谁又能猜到在对心理装置的结构和功能了解透彻以后，我们能获得多么重要的成果？但是，我听到有人提出了一个问题，即这项研究作为一种理解心灵、揭示个体所隐藏的特征的方法，有什么实际价值呢？梦带来的无意识冲动，难道在心理生活中不是一种重要的真实力量吗？那些可以带来梦境的受压抑愿望（也许某一天也能带来其他的东西）的伦理意义难道不值得被发现吗？

我觉得没有必要回答这些问题。我还没有进一步考虑有关梦的这方面的问题。但是，我认为，罗马皇帝因为某个臣民梦到杀了皇帝而处决了这个臣民，这是完全错误的。他应该试图找出这个梦的意义，很可能这个梦的意义并非表面上的那样。即使一个梦确有弑君的意义，难道我们不应谨记柏拉图的名言吗？即善良的人满足于在梦中作恶。因此，我认为最好宣告梦是无罪的。我们是否要把现实归结到无意识愿望上，我无法给出答案。当然，任何过渡的、中间的思想都要否认这一点。如果我们看着无意识愿望缩减到其最基本、最真切的样子，那么毫无疑问，我们必将得出这样的结论：精神现实是一种特殊形式的存在，其不能与物质现实混为一谈。因此，人们不愿为梦中的恶行承担责任。然而，当心理装置的运作方式得到了正确的认识，意识和无意识之间的关系得到了理解，我们会发现，在我们的梦境和幻想中，那些在伦理上令人反感的大部分东西完全消失了。用汉斯·萨克斯的话说："如果我们用意识看待梦境所讲述的有关当下（真实）情景的内容，我们会淡然地发现，我们在分析时用放大镜下看到的怪物原来只是一只纤毛虫。"

实际上，在判断一个人的性格时，用行动和有意识表达的观点作为评判标准已经足够了。我们最先考虑的应该是行动，因为许多强行进入意识的冲动，在它们成为行动之前，就会被心理生活的真实力量化为乌有。事实上，这样的冲动通常不会遇到精神上的障碍，因为无意识肯定会在其他阶段阻拦它们。无论如何，认识到我们的美德是从这片受到践踏的土壤中傲然长出的，这是颇具启发性的。人性受到种种动力的驱使，很少如腐朽的道德准则让我们相信的那样，只在简单的选项之间做出选择。

梦是否具有预知未来的价值呢？这当然不是个问题。相反，更真实的说法是，梦让我们了解过去。因为梦从任何意义上讲都源于过去。然而，梦可以预示未来，这一古老的信念并非毫无道理。通过具象化我们愿望满足的情景，梦把我们带向了未来。但是，这个被梦者呈现为当下的未来，是被他坚不可摧的愿望塑造出来的，这个愿望即希望未来与过去是一模一样的。

# 编后记

西格蒙德·弗洛伊德，奥地利心理学家，精神分析学说创始人，提出了潜意识理论，自我、本我、超我三重人格理论，“梦的解析”理论，力比多学说等，被誉为精神分析之父。1856 年，弗洛伊德出生于奥地利弗莱堡；1873 年，弗洛伊德进入维也纳大学学习医学；1882 年，弗洛伊德开始在维也纳综合医院工作，最初他从事的是神经解剖学的研究；1885 年，弗洛伊德赴巴黎学习，师从著名的神经学家、解剖病理学教授让·马丹·沙可，并受到让·马丹·沙可研究歇斯底里症的影响，开始从对躯体的研究转向对心理的研究。这段经历在弗洛伊德从神经学转向精神病理学研究中起到了关键作用。随后弗洛伊德开始用催眠和宣泄疗法来治疗歇斯底里症病人，并与布洛伊尔合著《歇斯底里症研究》，此书的出版为精神分析学的创立奠定了基础。随后弗洛伊德开始了自我分析，分析的对象主要是自己的梦，并根据分析的结论写成《梦的解析》一书。

弗洛伊德曾坦言梦的理论是其“所有发现中最有价值的部分”，《梦的解析》被认为是弗洛伊德最伟大的著作，虽然这本书也招致了大量的批评。弗洛伊德提出了梦的理论，在梦论中初步描绘了潜意识领域，引入了本我的概念。弗洛伊德认为人具有一些本能欲望，这些本能欲望平日里被压抑在潜意识中，而在睡梦中由于精神机制中稽查者的松懈，本能欲望涌入意识中从而形成了梦境。梦就是一种愿望的满足，是无意识欲望和儿时欲望伪装性的满足。然而被压抑的愿望并不直接表达，梦中的形象和内容只是梦的表面形式，即弗洛伊德所谓的“显梦”，释梦的技术就是从梦的表面形式中破译出背后的“隐梦”，即梦的深层含义。弗洛伊德将梦视为通往潜意识的捷径，每个梦都显示一种心理结构，充满了意义，掌握了释梦的技术就掌握了破译人类各种精神症状和文化、心理、宗教现象的密码。

弗洛伊德后来发展起来的思想多建立在梦的理论之上。精神分析学是一门关于人的精神世界的学说，弗洛伊德发现了人的无意识领域，它包含各种原始本能和冲动，是人类一切行为真正的源泉，只是被压抑在意识阀之下而不被察觉。换言之人的精神世界中充满了人所不知晓的压抑和冲突，人并非一个其理智和意识所能掌握的个体，这对自笛卡尔以来的理性主义所定义的人的本质是一种颠覆。精神分析学说更新了对人的认识和自我的概念，弗洛伊德的思想也被认为是 20 世纪最有影响力的思想之一。然而其理论也历来争议不断，他将潜意识主要归结为性本能，认为俄狄浦斯情结是人类普遍的情结，在释梦过程中寻找有性标志的象征物，在梦的分析中进行与性有关的归因等。这种将一切化归于性的做法招致了广泛的质疑和批评，也导致了他的早期追随者荣格、阿德勒等同他的分裂。后继的精神分析研究者从不同的理论向度修正和发展了弗洛伊德的理论，精神分析学说也同其他学科结合，如社会学、文化学、人类学等，形成了精神分析的社会文化学派，如拉康的结构主义精神分析学。弗洛伊德的理论是颇具争议的，但其影响力毋庸置疑。精神分析学说也超出心理学领域蔓溯到文学、哲学、社会学等各个学科，成为影响 20 世纪西方人文社科的重要理论资源，人类文化的各个领域都有其痕迹。

与恢弘的《梦的解析》相比，本书用简单通俗的笔调，为初学者提供了最简明直接的讲解。前三章由弗洛伊德发表于 1901 年的一篇概述梦的长文《论梦》拆分而成，这篇文章精简地呈现了《梦的解析》的逻辑主线，后六章则从《梦的解析》中选择了几个章节作为补充，丰富了释梦的案例，刻画了梦的心理装置结构，描绘了意识和无意识系统。本书简洁完整地拼合出了弗洛伊德梦的理论的基本轮廓，有了这本书的指引，初学者可以触摸弗洛伊德梦的理论的基本脉络，也能更轻松地理解艰深晦涩的《梦的解析》。弗洛伊德的理论是革命性的，但也颇具争议。望读者在阅读这本书，领略其理论创造性的同时也顾及其思想的局限性，多加甄别，选择性地吸收。